建筑工人职业技能培训教材

安装工程系列

管 道 工

《建筑工人职业技能培训教材》编委会 编

中国建材工业出版社

图书在版编目(CIP)数据

管道工 /《建筑工人职业技能培训教材》编委会编
. —— 北京：中国建材工业出版社，2016.9（2023.9 重印）
建筑工人职业技能培训教材
ISBN 978-7-5160-1547-6

Ⅰ. ①管… Ⅱ. ①建… Ⅲ. ①管道工程－技术培训－教材 Ⅳ. ①TU81

中国版本图书馆 CIP 数据核字(2016)第 145317 号

管道工
《建筑工人职业技能培训教材》编委会 编
出版发行：中国建材工业出版社
地　　址：北京市海淀区三里河路 11 号
邮　　编：100831
经　　销：全国各地新华书店
印　　刷：北京雁林吉兆印刷有限公司
开　　本：850mm×1168mm 1/32
印　　张：7
字　　数：150 千字
版　　次：2016 年 9 月第 1 版
印　　次：2023 年 9 月第 4 次
定　　价：24.00 元

本社网址：www.jccbs.com　**微信公众号**：zgjcgycbs
本书如出现印装质量问题，由我社市场营销部负责调换。电话：（010） 57811387

《建筑工人职业技能培训教材》

编审委员会

前 言

《中华人民共和国就业促进法》、国务院《关于加快发展现代职业教育的决定》[国发(2014)19号]、住房和城乡建设部《关于印发建筑业农民工技能培训示范工程实施意见的通知》[建人(2008)109号]、住房和城乡建设部《关于加强建筑工人职业培训工作的指导意见》[建人(2015)43号]、住房和城乡建设部办公厅《关于建筑工人职业培训合格证有关事项的通知》[建办人(2015)34号]等相关文件,对全面提高工人职业操作技能水平,以保证工程质量和安全生产做出了明确的要求。

根据住房和城乡建设部就加强建筑工人职业培训工作,做出的“到2020年,实现全行业建筑工人全员培训、持证上岗”具体规定,为更好地贯彻落实国家及行业主管部门相关文件精神和要求,全面做好建筑工人职业技能教育培训,由中国工程建设标准化协会建筑施工专业委员会、黑龙江省建设教育协会、新疆建设教育协会会同相关施工企业、培训单位等,组织了由建设行业专家学者、培训讲师、一线工程技术人员及具有丰富施工操作经验的工人和技师等组成的编审委员会,编写这套《建筑工人职业技能培训教材》。

本套丛书主要依据住房和城乡建设部、人力资源和社会保障部发布的《职业技能岗位鉴定规范》《中华人民共和国职业分类大典(2015年版)》《建筑工程施工职业技能标准》《建筑装饰装修职业技能标准》《建筑工程安装职业技能标准》等标准要求,以实现全面提高建设领域职工队伍整体素质,加快培养具有熟练操作技能的技术工人,尤其是加快提高建筑业农民工职业技能水平,保证建筑工程质量和安全,促进广大农民工就业为目标,重点抓住建筑工人现场施工操作技能和安全为核心进行编制,“量身订制”打造了一套适合不同文化层次的技术工人和读者需要的技能培训教材。

本套教材系统、全面地介绍了各工种相关专业基础知识、操作技能、安全知识等,同时涵盖了先进、成熟、实用的建筑工程施工技术,还包括了现代新材料、新技术、新工艺和环境、职业健康安全、节能环保等方面的知识,力求做到了技术内容最新、最实用,文字通俗易懂,语言生动简洁,辅以大量直观的图表，非常适合不同层次水平、不同年龄的建筑工人职业技能培训和实际施工操作应用。

丛书共包括了“建筑工程”、“建筑装饰装修工程”、“安装工程”3大系列以及《建筑工人现场施工安全读本》，共25个分册：

一、“建筑工程”系列，包括8个分册，分别是：《砌筑工》《钢筋工》《架子工》《混凝土工》《模板工》《防水工》《木工》和《测量放线工》。

二、“建筑装饰装修工程”系列，包括8个分册，分别是：《抹灰工》《油漆工》《镶贴工》《涂裱工》《装饰装修木工》《幕墙安装工》《幕墙制作工》和《金属工》。

三、“安装工程”系列，包括8个分册，分别是：《通风工》《安装起重工》《安装钳工》《电气设备安装调试工》《管道工》《建筑电工》《中小型建筑机械操作工》和《电焊工》。

本书根据“管道工”工种职业操作技能，结合在建筑工程中实际的应用，针对建筑工程施工材料、机具、施工工艺、质量要求、安全操作技术等做了具体、详细的阐述。本书内容包括管道工程用材料、管道工程施工机具、管道下料与连接、管道敷设与安装、管道试验与管道吹洗、管道工安全操作技术。

本书对于加强建筑工人培训工作，全面提升建筑工人操作技能水平具有很好的应用价值和极大的帮助，不仅极大地提高工人操作技能水平和职业安全水平，更对保证建筑工程施工质量，促进建筑安装工程施工新技术、新工艺、新材料的推广与应用都有很好的推动作用。

由于时间限制，以及编者水平有限，本书难免有疏漏和谬误之处，欢迎广大读者批评指正，以便本丛书再版时修订。

编　者

2016年9月　北京

目录 CONTENTS

第1部分　管道工岗位基础知识

一、管道工程常用材料

管道工程用材料分为金属材料和非金属材料。管道安装工程常用的金属材料主要有管材、管件、阀门、法兰、型钢等。管道安装工程常用的非金属材料主要有砌筑材料、绝热材料、防腐材料和非金属管材、塑料及复合材料水管等。

1. 金属管材

按材质分有钢管和铜管，钢管分拉制钢管和挤制钢管两种；按使用性能可分为输送流体用钢管和结构钢管。流体输送钢管中常用的有低压输送流体用钢管、普通无缝钢管、螺旋缝焊接钢管、无缝钢管、锅炉用高压无缝钢管等。

(1)钢管。

①无缝钢管。是工业建设中用量最大的管材，它的规格多、品种全、强度高、适用范围广。无缝钢管分为热轧、热挤压无缝钢管和冷轧(冷拔)无缝钢管两种。

普通无缝钢管用10号、20号、35号优质低碳钢或低合金钢制成，广泛用于中、低压管道工程中，如热力管道、压缩空气管道、氧气管道、乙炔管道以及强腐蚀性介质以外的各类化工管道。

锅炉用高压无缝钢管是用优质碳素钢、普通低合金钢(15MnV、12MnMoV、12MoVW)和合金结构钢(15CrMo、

12CrMoV等)制造的,用于制造锅炉设备及管道工程用的高压、超高压管道。在工业管道工程中,主要用于输送高压蒸汽、水或高温高压含氢介质。

②螺旋缝焊接钢管。有一般低压流体输送用螺旋缝埋弧焊钢管和高频焊钢管及承压流体输送用螺旋缝埋弧焊钢管和高频焊钢管,一般长度为8～18m,常用于工作压力不超过1.6MPa,介质最高温度不超过200℃的直径较大的管道,如室外煤气、天然气及输油管道。

③低压输送流体用钢管。一般用Q195、Q215、Q235等牌号碳素钢制造,按表面质量分为镀锌钢管(俗称白铁管)和焊接钢管(俗称黑铁管)两种,还有直缝卷焊钢管,一般由现场自制或委托工厂加工;按管壁厚度不同分为普通钢管和加厚钢管。低压输送流体用钢管适用于输送水、燃气、空气、油、低压蒸汽等压力较低的流体。

(2)铜管。

①铜管管材。常用的有紫铜管(工业纯铜)及黄铜管(铜锌合金)。按制造方法的不同分为拉制管、轧制管和挤制管,一般中、低压管道采用拉制管。紫铜管常用材料的牌号为:T2、T3、T4、TUP(脱氧铜),分为软质和硬质两种。黄铜管常用的材料牌号为:H62、H68、HPb659-1,分为软质、半硬质和硬质三种。

②铜合金。为了改善黄铜的性能,在合金中添加锡、锰、铅、锌、磷等元素就成为特殊黄铜。添加元素的作用简述如下:

a.加锡能提高黄铜的强度,并能显著提高其对海水的耐蚀性能,故锡黄铜又称“海军黄铜”。

b.加锰能显著提高合金工艺性能、强度和耐腐蚀性。

c.加铅改善切削加工性能和耐腐蚀性能,但塑性稍有降低。

d.加锌能够提高合金的机械性能和流动性能。

e. 加磷能提高合金的韧性、硬度、耐磨性和流动性。

③铜管的应用。紫铜管与黄铜管大多数用在制造换热设备上，也常用在深冷装置和化工管道上，仪表的测压管线或传送有压液体管线方面也常采用。当温度大于250℃时，不宜在压力下使用。

挤制铝青铜管用QAI10-3-1.5及AQI10-4-4牌号的青铜制成，用于机械和航空工业，制造耐磨、耐腐蚀和高强度的管件。

锡青铜管系由ASn4-0.3等牌号锡青铜制成，适用于制造压力表的弹簧管及耐磨管件。

④铜管的质量。供安装用的铜管及铜合金管，表面与内壁均应光洁，无疵孔、裂缝、结疤、尾裂或气孔。黄铜管不得有绿锈和严重脱锌。铜及铜合金管道的外表面缺陷允许度规定如下：纵向划痕深度见表1-1；偏横向的凹坑，其深度不超过0.03mm，其面积不超过管子表面积的30%，用作导管时其面积则不超过管子表面积的0.5%。

表1-1　铜及铜合金管纵向划痕深度规定

壁厚/mm	纵向划痕深度/mm	壁厚/mm	纵向划痕深度/mm
≤2	≤0.04	>2	≤0.05

注：用作导管的铜及铜合金管道，不论壁厚大小，纵向划痕深度不应大于0.03mm。

2. 塑料及复合材料管材

常用的塑料及复合材料管材，包括：聚乙烯(PE)管、涂塑钢管、丙烯腈-丁二烯-苯乙烯(ABS)管、聚丙烯(PP)管、无规共聚聚丙烯(PP-R)管、硬聚氯乙烯(PVC-U)管、聚丁烯(PB)管、高密度聚乙烯(HDPE)管、交联聚乙烯(PE-X)管、交联铝塑复合

(XPAP)管、氯化聚氯乙烯(PVC-C)管、钢塑复合管等。

(1)聚乙烯(PE)管。无毒,可用于输送生活用水,常用低密度聚乙烯水管(简称塑料自来水管),这种管材的外径与焊接钢管基本一致。

(2)涂塑钢管。具有优良的耐腐蚀性能和比较小的摩擦阻力。环氧树脂涂塑钢管适用于给水排水、海水、温水、油、气体等介质的输送,聚氯乙烯(PVC)涂塑钢管适用于排水、海水、温水、油、气体等介质的输送。根据需要可涂敷钢管的内外表面或仅涂敷外表面。涂塑钢管不能采用焊接连接,只能采用螺纹或法兰连接。

(3)丙烯腈-丁二烯-苯乙烯(ABS)管。耐腐蚀、耐温及耐冲击性能均优于聚氯乙烯管,它由热塑性丙烯腈-丁二烯-苯乙烯三元共聚体黏料经注射、挤压成型加工制成,使用温度为－20～70℃,压力等级分为B、C、D三级。

(4)聚丙烯(PP)管。丙烯管材系聚丙烯树脂经挤压成型而得,用于流体输送。按压力分为Ⅰ、Ⅱ、Ⅲ型,其常温下的工作压力:Ⅰ型为0.4MPa、Ⅱ型为0.6MPa、Ⅲ型为0.8MPa。

(5)无规共聚聚丙烯(PP-R)管。也称三型聚丙烯管,是采用先进的气相法聚合工艺对PP的改性,是PP和PE的共聚物。无毒、卫生、水阻小、导热系数低、70℃以下可长期使用。

(6)硬聚氯乙烯(PVC-U)管。用于建筑工程排水,在耐化学性和耐热性能满足工艺要求的条件下,此种管材也可用于工业排水系统。

3. 其他管材

(1)混凝土管。

自应力钢筋混凝土压力管为承插式,标准规格应符合《自应力混凝土输水管》(GB 4084—1999)的要求。此外,还有预应力钢筋混凝土压力管及混凝土及钢筋混凝土排水管。

(2)陶管。

陶管分排水陶管及配件和化工陶管及配件,排水陶管及配件用于排输污水、废水、雨水或灌溉用水。

(3)石棉水泥管。

石棉水泥管有石棉水泥输水管和石棉水泥输煤气管。

(4)橡胶管。

橡胶管的用途较为广泛,种类也较多,常用于临时性工作场所。常用的输送无腐蚀性介质胶管有:输水胶管、吸水胶管、钢丝编织液压胶管。

4. 钢管管件

(1)螺纹连接管件。

钢管的配件及其连接,见图1-1。

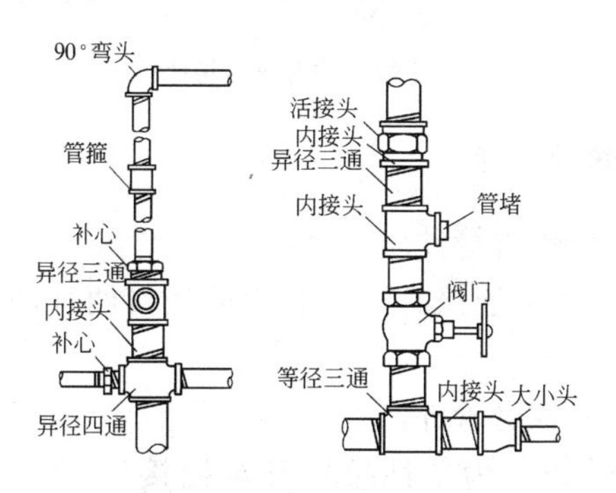

图1-1　钢管配件及连接

采用螺纹连接时,其管件按用途不同,可分为以下几种。

①直线延长连接管件:管箍、对丝(内接头)。

②分叉连接管件：三通、四通。

③转弯连接管件：90°弯头、45°弯头。

④碰头连接管件：活接头（由任）、锁紧螺母（与长丝、管箍配套用）。

⑤变径连接管件：异径管箍（大小头）、补心（内外丝）、异径变头、异径三通、异径四通。

⑥堵塞管口管件：管堵、丝堵。

（2）卡箍连接管件。

管径不大于 $DN80$ 的钢管、衬塑钢管，常用螺纹连接，管径 $\geqslant DN80$ 的管子，则用卡箍连接更合适，其管件有正三通、正四通、90°弯头、45°弯头、盲板等，如图 1-2。

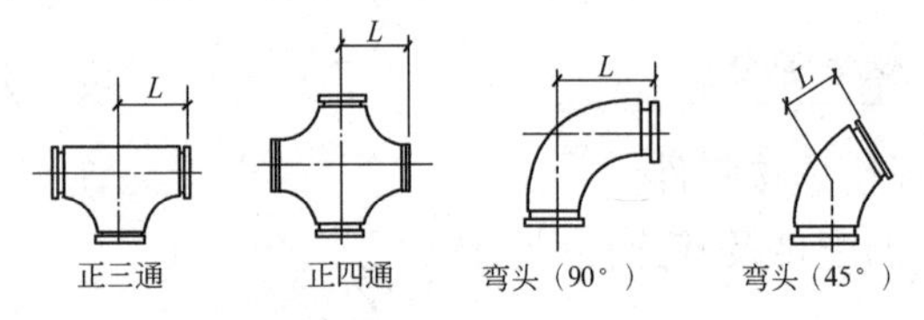

图 1-2　卡箍连接管件

5. 铸铁管管件

（1）给水铸铁管管件。

给水铸铁管的连接有法兰和承插连接两种，常用铸铁管管件见图 1-3。

（2）排水铸铁管管件。

排水铸铁管分为柔性接口和承插接口，柔性接口管件是在承插接口管件的承口末端带有法兰。承插接口管件（图 1-4）。

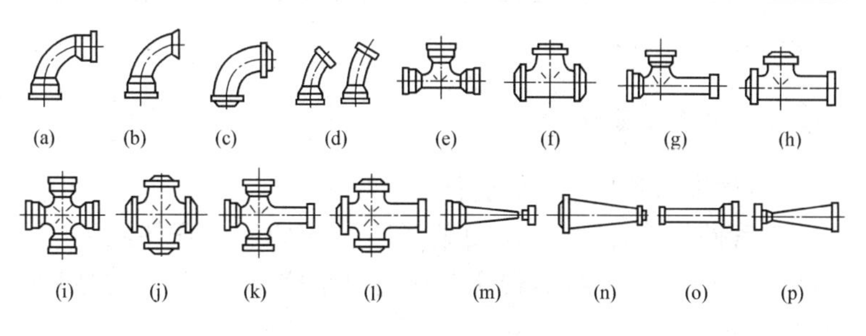

图1-3　给水铸铁管管件

(a)90°双承弯头;(b)90°承插弯头;(c)90°双盘弯头;(d)45°和22.5°承插弯头;(e)三承三通;(f)三盘三通;(g)双承三通;(h)双盘三通;(i)四承四通;(j)四盘四通;(k)三承四通;(l)三盘四通;(m)双承异径管;(n)双盘异径管;(o)、(p)承插异径管

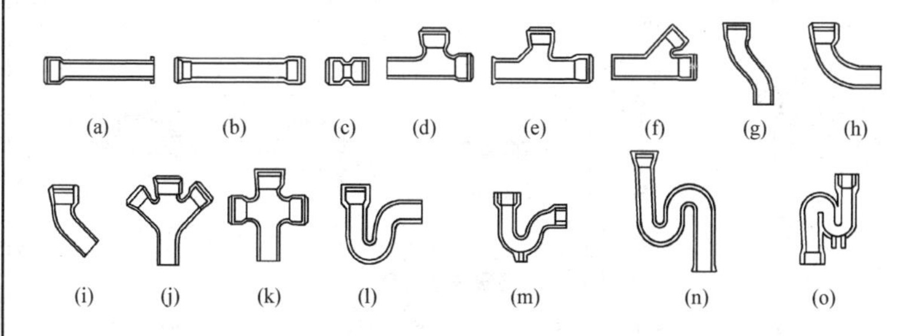

图1-4　排水铸铁管管件

(a)承插直管;(b)双承直管;(c)管箍;(d)T形三通;(e)90°三通;(f)45°三通;(g)弯曲形管;(h)弯管;(i)45°弯管;(j)Y形弯道;(k)正四通;(l)P形承插存水弯;(m)螺纹P形存水弯;(n)S形承插存水弯;(o)螺纹S形存水弯

6. 铜及铜合金管管件

铜及铜合金管管件无标准管件时,弯头、三通、异径管等均可用管材加工制作。

铜管的椭圆度和壁厚的不均匀度,不应超过外圆和壁厚的允许偏差。

7. 塑料管管件

(1)硬聚氯乙烯给水管管件。

其管件应符合《给水用硬聚氯乙烯(PVC-U)管件》(GB/T 10002.2—2003)的要求,使用前应进行抽样检测鉴定。常用管件见图 1-5。

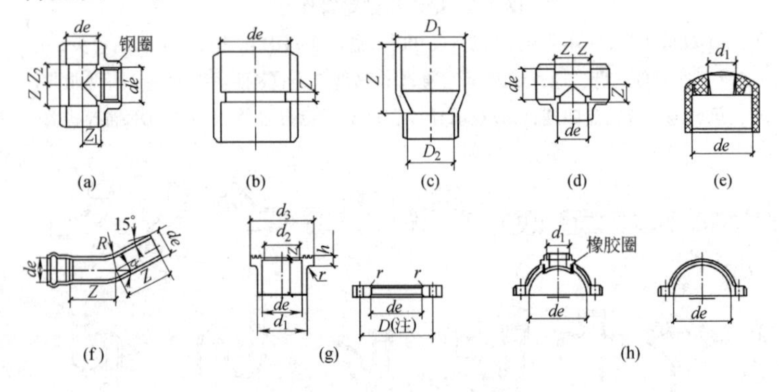

图 1-5 硬聚氯乙烯管件

(a)异径三通;(b)套管;(c)异径管;(d)等径三通;(e)管堵;(f)单承弯头;(g)平承法兰;(h)鞍形接口

(2)聚丙烯管管件。

聚丙烯管常采用热熔连接,与阀门等需拆卸处采用螺纹连接。聚丙烯管管件,见图 1-6。

8. 阀门

(1)阀门的分类。

阀门按结构和用途分类见表 1-2,按压力分类见表 1-3。

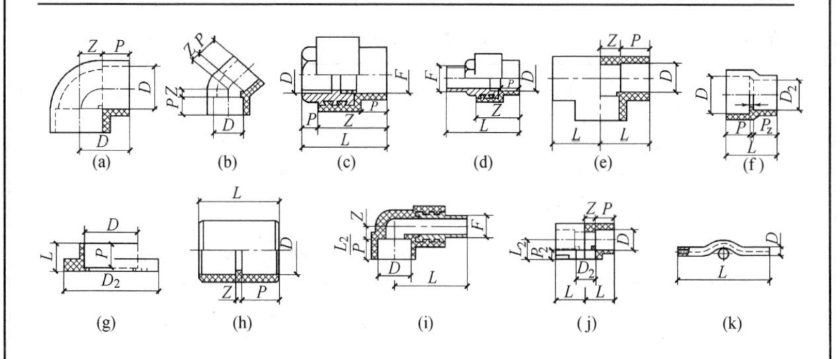

图 1-6　聚丙烯管管件

(a)90°弯头；(b)45°弯头；(c)内螺纹接头；(d)外螺纹接头；(e)等径三通；(f)异径直接；(g)法兰连接件；(h)等径直接；(i)外螺纹弯头；(j)异径三通；(k)绕曲管

表 1-2　　阀门按结构和用途分类

名称	闸阀		截止阀	球阀	旋塞阀	节流阀
传动方式	手动或电动，液动，直齿圆柱齿轮传动，锥齿轮传动	自动	手动或电动	手动或电动，气动，电-液动，气-液动，涡轮传动	手动	手动
连接形式	法兰，焊接，内螺纹	法兰，内(外)螺纹，焊接	法兰，焊接，内(外)螺纹，卡套	法兰，焊接，内(外)螺纹	法兰，内螺纹	法兰，外螺纹，卡套
用途	阻止介质倒流		防止介质压力超过规定数值，以保证安全	降低介质压力	阻止蒸汽溢漏，并迅速排除管道及用热设备中的凝结水	
传动方式	自动		自动	自动	自动	
连接形式	法兰，内(外)螺纹，焊接		法兰，螺纹	法兰	法兰，螺纹	

表 1-3 阀门按压力分类

项目	系数
低压阀	$PN \leqslant 1.6$MPa
中压阀	1.6MPa$< PN \leqslant 6.4$MPa
高压阀	10MPa$\leqslant PN \leqslant 80$MPa
超高压阀	$PN > 80$MPa

阀门的公称压力系列(MPa)有:0.1、0.25、0.4、0.6、1.0、1.6、2.5、4.0、6.4、10.0、16.0、20.0、25.0、32.0、40.0、50.0、64.0、80.0、100.0。除以上所述外,还可按输送介质、阀体材质、传动方式等分类。

(2)阀门的基本参数。

①公称直径:公称直径是指阀门连接处通道的名义直径,用 DN 表示。它表示阀门规格的大小,是阀门最主要的尺寸参数。

②公称压力:公称压力是指阀门在基准温度下允许承受的最大工作压力,用 PN 表示。它表示阀门承压能力的大小,是阀门最主要的性能参数。

③适用介质:阀门工作介质的种类繁多,有些介质具有很强的腐蚀性,有些介质具有相当高的温度。这些不同性质的介质对阀门材料均有不同的要求,在设计、选用阀门时,应考虑各种型号产品所适用的介质。

④适用温度:阀门制造时,根据用途不同,选用不同的阀体、密封材料及不同的填料。不同的阀门,有不同的适用温度。对于同一阀门,在不同的温度下允许采用的最大工作压力也不同。所以选用阀门时,适用温度也是必须注意的参数。

(3)阀门标志。

阀门的类别、驱动方式和连接形式,可以从阀件的外形加以识别。公称直径、公称压力(或工作压力)和介质温度以及介质流动方向,则由制造厂按表1-4规定标注在阀门正面中心位置上。对于阀体材料、密封圈材料以及带有衬里的阀件材料,必须根据阀件各部位所涂油漆的颜色来识别。阀门标志的识别见表1-4;阀体材料涂漆的识别见表1-5;密封面材料涂漆的识别见表1-6。

表1-4　　阀门标志的识别

<table>
<tr><th rowspan="3">标志形式</th><th colspan="7">阀门的规格及特性</th></tr>
<tr><th colspan="4">阀门规格</th><th rowspan="2">阀门形式</th><th rowspan="2" colspan="2">介质流动方向</th></tr>
<tr><th>公称直径/mm</th><th>公称压力/MPa</th><th>工作压力/MPa</th><th>介质温度/℃</th></tr>
<tr><td>$\xrightarrow[50]{P_G 40}$</td><td>50</td><td>4.0</td><td></td><td></td><td rowspan="2">直通式</td><td rowspan="2" colspan="2">介质进口与出口的流动方向在同一或相平行的中心线上</td></tr>
<tr><td>$\xrightarrow[100]{P_{51} 100}$</td><td>100</td><td></td><td>10.0</td><td>510</td></tr>
<tr><td>$\ulcorner\xrightarrow[50]{P_G 40}$</td><td>50</td><td>4.0</td><td></td><td></td><td rowspan="2">直角式</td><td rowspan="2">介质进口与出口的流动方向成90°角</td><td rowspan="2">介质作用在关闭件下</td></tr>
<tr><td>$\ulcorner\xrightarrow[100]{P_{51} 100}$</td><td>100</td><td></td><td>10.0</td><td>510</td></tr>
<tr><td>$\frac{P_G 40}{50}\downarrow$</td><td>50</td><td>4.0</td><td></td><td></td><td rowspan="2">直角式</td><td rowspan="2">介质进口与出口的流动方向成90°角</td><td rowspan="2">介质作用在关闭件上</td></tr>
<tr><td>$\frac{P_{51} 100}{100}\downarrow$</td><td>100</td><td></td><td>10.0</td><td>510</td></tr>
<tr><td>$\xleftrightarrow[50]{P_G 16}$</td><td>50</td><td>1.6</td><td></td><td></td><td rowspan="2">三通式</td><td rowspan="2" colspan="2">介质具有几个流动方向</td></tr>
<tr><td>$\xleftrightarrow[100]{P_{51} 100}$</td><td>100</td><td></td><td>10.0</td><td>510</td></tr>
</table>

表 1-5 阀体材料涂漆识别

阀体材料	识别涂漆颜色
灰铸铁,可锻铸铁	黑　色
球墨铸铁	银　色
碳素钢	中灰色
耐酸钢,不锈钢	天蓝色
合金钢	中蓝色

表 1-6 密封面材料涂漆识别

密封面材料	识别涂漆颜色
铜合金	大红色
锡基轴承合金(巴氏合金)	淡黄色
耐酸钢,不锈钢	天蓝色
渗氮钢,渗硼钢	天蓝色
硬质合金	天蓝色
蒙乃尔合金	深黄色
塑　　料	紫红色
橡　　胶	中绿色
铸　　铁	黑　色

注:1. 阀座和启闭件密封面材料不同时,按低硬度材料涂色;

2. 止回阀涂在阀盖顶部;安全阀、减压阀、疏水阀涂在阀罩或阀帽上。

9. 法兰及紧固件

(1)法兰的常用形式。

常用法兰有铸铁管法兰、钢制管法兰等。钢制管法兰种类较多,有平焊法兰、对焊法兰、松套法兰等。

①平焊法兰。平焊法兰适用于公称压力不超过 2.5MPa

的碳素钢管道连接。平焊法兰的密封面可以制成光滑式(图 1-7)、凹凸式(图 1-8)和榫槽式三种,光滑式平焊法兰的应用量最大。

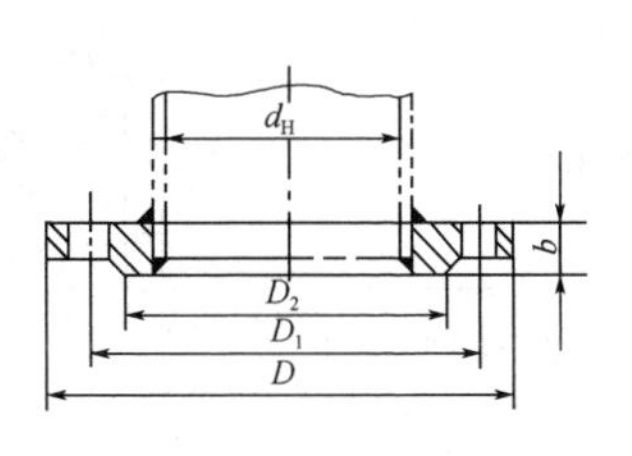

图 1-7　光滑式平焊钢法兰

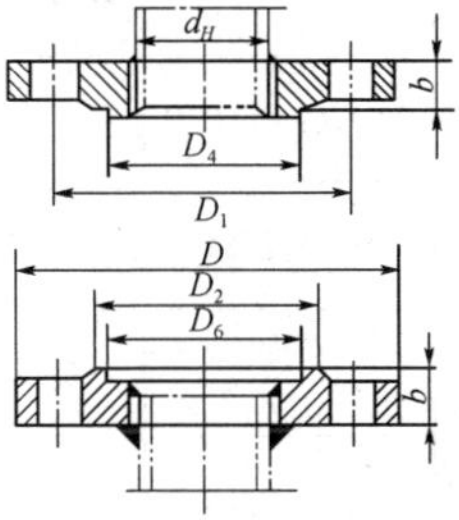

图 1-8　凹凸式平焊钢法兰

②对焊法兰。对焊法兰用于法兰与管子的对口焊接,其结构合理,强度与刚度较大,经得起高温高压及反复弯曲和温度波动,密封性可靠。公称压力为 0.25～2.5MPa 的对焊法兰,采用凹凸式密封面。

③松套法兰。松套法兰俗称活套法兰,分焊环活套法兰、翻边活套法兰和对焊活套法兰。

(2)紧固件。

①六角头螺栓、螺母。螺栓和螺母用于水管法兰连接和给水排水设备与支架的连接,通常使用六角头螺栓和六角螺母。

②垫圈。垫圈分平垫圈和弹簧垫圈两种。

平垫圈垫于螺母下面,保护被连接件表面以免被螺母擦伤,增大螺母与被连接件之间的接触面积,降低螺母作用在被连接件表面上的压力。

(3)法兰及紧固件的材料选用。

①法兰与法兰盖及紧固件材料的选用见表 1-7。

表 1-7　　　　法兰与法兰盖及紧固件材料选用

<table>
<tr><th rowspan="2">零件名称</th><th rowspan="2">公称压力/MPa</th><th colspan="6">介质在下列温度时使用的钢号/℃</th></tr>
<tr><th><300</th><th><350</th><th><400</th><th><425</th><th><450</th><th><530</th></tr>
<tr><td rowspan="3">法兰与法兰盖</td><td>0.25,0.6,1.60,2.5</td><td>Q235A</td><td colspan="5">20 和 25</td></tr>
<tr><td>4.0,6.4,10.0</td><td colspan="5" rowspan="2">20 和 25</td><td>12CrMo
15CrMo</td></tr>
<tr><td>16.0,20.0</td><td>12CrMo
15CrMo</td></tr>
<tr><td rowspan="2">螺栓与双头螺栓</td><td>0.25,0.6,1.0,1.6,2.5</td><td colspan="2">Q275,Q235</td><td colspan="2">25 和 35</td><td>30CrMoA
35CrMoA</td><td rowspan="2">25Cr2Mo</td></tr>
<tr><td>1.6,2.5</td><td colspan="4">35 和 40</td><td>30CrMoA
35CrMoA</td></tr>
<tr><td rowspan="3">螺母</td><td>0.25,0.6,1.0,1.6,2.5</td><td colspan="2">Q235</td><td colspan="2">20 和 30</td><td>30 和 45</td><td></td></tr>
<tr><td>4.0,6.4,10.0</td><td colspan="5">25 和 35</td><td>30CrMo
35CrMo</td></tr>
<tr><td>16.0,20.0</td><td colspan="5">35 和 45</td><td>30CrMo
35CrMo</td></tr>
<tr><td>垫圈</td><td>4.0,6.4,10.0,16.0,20.0</td><td colspan="5">25 和 35</td><td>12CrMo
15CrMo</td></tr>
</table>

②法兰型式与垫片材料的选用见表 1-8。

表 1-8　　　　法兰型式与垫片材料选用

<table>
<tr><th>介质</th><th>法兰公称压力/MPa</th><th>介质温度/℃</th><th>法兰类型</th><th>垫片材料</th></tr>
<tr><td rowspan="2">水、盐水、碱液、乳化液、酸类</td><td>≤1.0</td><td><60</td><td rowspan="2">光滑面平焊</td><td rowspan="2">工业橡胶板、低压橡胶石棉板</td></tr>
<tr><td>≤1.0</td><td><90</td></tr>
<tr><td rowspan="5">热水、软化水、水蒸气、冷凝液</td><td>≤1.6</td><td>≤200</td><td rowspan="2">光滑面平焊</td><td rowspan="2">低、中压橡胶石棉板、中压橡胶石棉板</td></tr>
<tr><td>2.5</td><td>≤300</td></tr>
<tr><td>2.5</td><td>301～450</td><td>光滑面对焊</td><td>缠绕式垫片</td></tr>
<tr><td>4.0</td><td>≤450</td><td rowspan="2">凹凸面对焊</td><td>缠绕式垫片</td></tr>
<tr><td>4.0～6.4</td><td><660</td><td>金属齿形垫片</td></tr>
</table>

10.管道安装工程其他常用材料

(1)支架材料。

①型钢。管道工程安装用型钢有圆钢、方钢、扁钢、H型钢、工字钢、角钢、槽钢、钢轨等。

②板材。按其厚度可分为厚板、中板和薄板;按其轧制方式可分为热轧板和冷轧板,其中冷轧板只有薄板;薄板的品种很多,常用的有普通碳素钢薄板、普通低合金结构钢薄板、镀锌钢薄板等。

(2)管道保温材料。

常用保温材料的种类较多,使用时应根据设计要求来进行备料与施工。常用保温材料的性能及使用范围,见表1-9。

表1-9　常用保温材料的性能及使用范围

序号	材料名称	使用特点
1	膨胀珍珠岩类: 散料(一级) 散料(二级) 散料(三级) 水泥珍珠岩板、管壳 水玻璃珍珠岩板、管壳 憎水珍珠岩制品	密度轻,导热系数小,化学稳定性好,不燃,不腐蚀,无毒,无味,价廉,产量大,资源丰富,适用广泛
2	离心玻璃棉 普通玻璃棉类: 中级纤维淀粉黏结制品 中级纤维酚醛树脂制品 玻璃棉沥青黏结制品	耐酸,抗腐蚀,不烂,不蛀,吸水率小,化学稳定性好,无毒无味,价廉,寿命长,导热系数小,施工方便,但刺激皮肤
3	超细玻璃棉类: 超细棉(原棉)、超细棉无脂毡和缝合垫、超细棉树脂制品、无碱超细棉	密度小,导热系数低,特点同普通玻璃棉,但对皮肤刺激小
4	微孔硅酸壳	耐高温

续表

序号	材料名称	使用范围
5	矿棉类： 矿棉保温管(管壳) 沥青矿棉毡 矿棉保温板、带	密度小，导热系数小，耐高温，价廉，货源广，填充后易沉陷，施工时刺激皮肤，且尘土大
6	岩棉类： 岩棉保温板(板硬质) 岩棉保温毡 岩棉保温带 岩棉保温管壳	密度小，导热系数小，适用温度范围广，施工简便，但刺激皮肤
7	泡沫塑料类： 可发性聚苯乙烯塑料板 可发性聚苯乙烯塑料管壳 硬质聚氨酯泡沫塑料制品 软质聚氨酯泡沫塑料制品 硬质聚氯乙烯泡沫塑料制品 软质聚氯乙烯泡沫塑料制品	密度小，导热系数小，施工方便，不耐高温，适用于60℃以下的低温水管道保温。 聚氨酯可现场发泡浇筑成型，强度高，成本也高，此类材料可燃，防火性差，分自燃型与阻燃型

(3)防腐材料。

防腐材料大致可分为高分子材料、无机非金属材料、复合材料和涂料等，广泛用于安装工程中。常用防腐材料有以下几种。

①塑料制品：聚氯乙烯、聚乙烯、聚四氟乙烯等。

②橡胶制品：天然橡胶、氯化橡胶、氯丁橡胶、氯磺化聚乙烯橡胶、丁苯橡胶、丁酯橡胶等。

③玻璃钢及其制品：以玻璃纤维为增强剂，以合成树脂为胶黏剂制成的复合材料。

④陶瓷制品：泵用零件、轴承等，主要用于防腐蚀工程中。

⑤油漆及涂料：无机富锌漆、防锈底漆，广泛用于设备管道工程中，如清漆、冷固环氧树脂漆、环氧树脂漆、酚醛树脂漆等。

二、管道安装施工机具

1. 弯管机具

(1)手动弯管机。

手动弯管机的外形,见图 1-9。其主要技术参数见表 1-10。

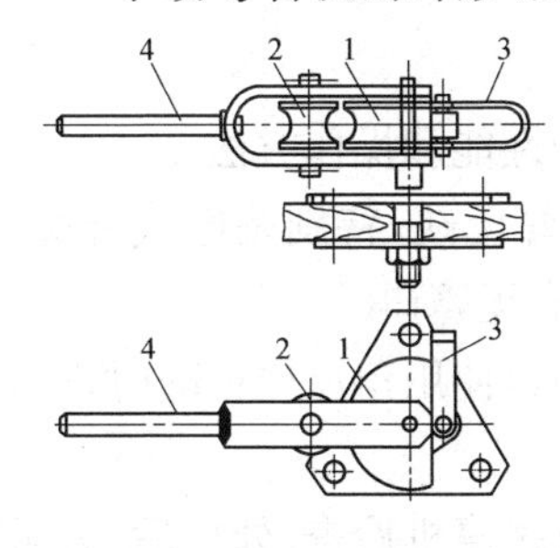

图 1-9　手动弯管机外形

1—定胎轮;2—动胎轮;3—管子夹持器;4—手柄

表 1-10　手动弯管机的主要技术参数

管子尺寸 /mm	最大弯曲角度 ≤/(°)	弯曲半径 /mm
$\phi10\times2$	180	4D
$\phi12\times2$	180	4D
$\phi14\times2$	180	4D
$\phi16\times2$	180	4D
$\phi19\times2$	180	4D
$\phi22\times2$	180	4D
$\phi25\times2$	180	4D

手动弯管机是一种不用灌砂、不用加热的冷摵管道设备,用于管径较小、壁厚较薄的管道弯管制作。弯管时,根据管径大小选用合适胎轮,把管子插入定胎轮和动胎轮之间,一端用管压力固定,然后推动推棒,绕定胎轮转动,直至弯出所需角度为止。弯管过程中用力要平衡、匀称,不要用力过猛,以免损坏设备和影响弯管质量。要经常加注机油,使其使用灵活不锈蚀。用完后应妥善保管。

(2)自动弯管机。

自动弯管机又称电动弯管机。工作原理与手动弯管机基本相同。自动弯管机的构造主要有机体、夹紧导向机构、机架和电气操作箱等几部分组成。

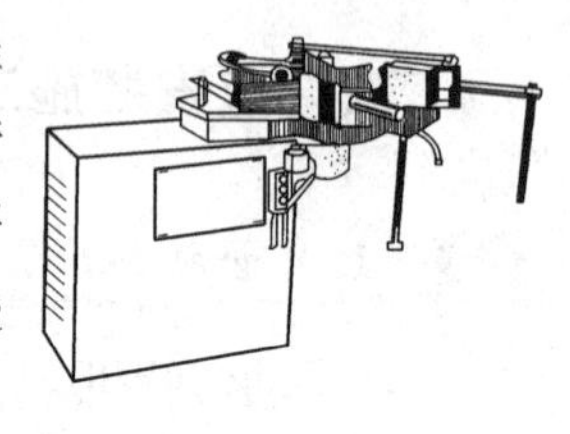
图 1-10 电动弯管机

自动弯管机揻管前，应作好弯曲样板，并调好弯曲角度和限位开关，将管子夹紧，使管子与导槽接触好，然后开动弯管机进行揻管。弯管机各回转处要及时加注润滑油，以保证运转灵活。如图 1-10 为一台电动弯管机。

自动弯管机的使用注意事项：

①使用电动弯管机应熟悉机械的性能和操作方法。

②操作前应检查各部件，是否完好无缺，特别是电气开关、线路性能是否良好，传动和润滑系统有无障碍。

③使用的胎具角度要准确，弯管时，使用角尺样板随时进行测量检查。

④操作过程中，如发现异常，应及时停机检查，处理后，方可继续使用。

2. 套丝机具

(1)手工套丝工具。

手工套丝所使用的工具，称为管子铰板，见图 1-11，主要由机身、板把、板牙等部分组成。

铰板规格分为 1 号(114 型)和 2 号(117 型)两种。1 号铰板可套½″、¾″、1″、1¼″、1½″、2″六种管螺纹，2 号铰板可套 2½″、3″、3½″、4″四种管螺纹。每种规格的铰板分别配有几套相应的板牙，每套板牙可以套两种管径的管螺纹。

每套板牙有四个，刻有 1～4 序号，机身上板牙孔口处也刻有 1～4 的标号，安装板牙时，先将刻有固定盘“0”的位置对准，然后对号将板牙插入孔内，转动固定盘可以使四个板牙向中心靠近，板牙就固定在铰板内。

套丝时，将管子放在压力案上的压力钳内，留出150mm左右的长度卡紧，将管子铰板轻轻套入管口，调整后卡爪滑盘将管子卡住，再调整固定盘面上的管子口径刻度，对好需要的管子口径。然后两手推管子铰板，带上2～3扣，再站到侧面按顺时针方向转动手柄，在套丝处加些机油，用力要均匀，待螺纹即将套成时，轻轻松开板机，开机退板，保持螺纹应有锥度(俗称拔梢)，锥形螺纹连接更为紧密。

根据管径大小，一般螺纹需要2～3板次或更多的板次才能套成(管径在40mm以下两次套成，50mm以上三次套成)。分几次套丝时，第一次板标盘刻度可以稍定大些，每套一次所对标盘刻度应使板牙较前次稍加紧缩。

螺纹的加工长度无具体规定时，可按表1-11的尺寸加工。

表1-11 管子螺纹加工尺寸

管径		短螺纹		长螺纹		连接阀门螺纹
/mm	/in	长度/mm	螺纹数/牙	长度/mm	螺纹数/牙	长度/mm
15	½	14	8	50	28	12
20	¾	16	9	55	30	13.5
25	1	18	8	60	26	15
32	1¼	20	9	65	28	17
40	1½	22	10	70	30	19
50	2	24	11	75	33	21
70	2½	27	12	85	37	23.5
80	3	30	13	100	44	26

(2)机械套丝工具。

机械套丝是指用套丝机加工管螺纹，目前我国已普遍使用，主要采用的机械是套丝切管机，见图 1-11。

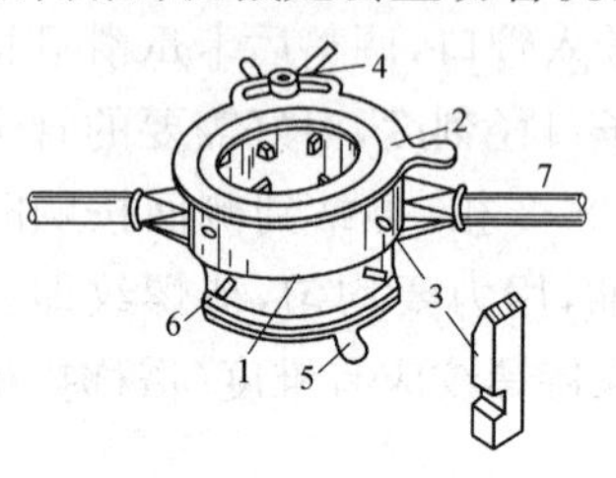

图 1-11 管子铰板

1—本体；2—前卡板；3—板牙；
4—前卡板压紧螺丝；5—后卡板；
6—板牙松紧螺丝；7—手柄

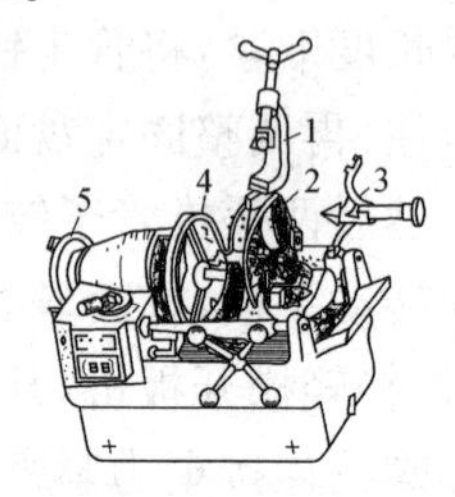

图 1-12 套丝切管机

1—切刀；2—板牙头；3—铣刀；
4—前卡盘；5—后卡盘

①使用套丝机套丝时，先将管子在卡盘内卡紧，由电动机经减速箱带动管子转动，扳动刀具托架手柄，能使板牙头或铣锥作纵向运动，进行套丝及铣口工作。套完丝后可旋转切刀丝杠来进行切管。另外，套丝机的冷却液（润滑油）是通过主轴上的齿轮带动固定在机壳内的齿轮泵而喷出的。

②套丝机一般以低速进行工作，操作时不可逐级加速，以防损坏板牙或毁坏机器。套丝时，不可用锤击的方法旋紧或放松背面档脚、进刀手把和活动标盘。套长管时，要将管子架平。螺纹套成后，要将进刀手把及管子、夹头松开，将管子慢慢退出，避免碰伤螺纹。

③直径在 40mm 以上的管子套丝时，要分两次进行，不可一次套成，以防损坏板牙或出现坏丝。前后两次套丝的螺纹轨迹要注意重合，避免出现乱丝。

④套丝的质量要求：螺纹表面要光洁、无裂缝、允许有微毛刺；螺纹高度的减低量，不得超过 10%；螺纹断缺总长度，不得超过表 1-11 中规定长度的 10%，断缺处不得纵向连贯；螺纹工

作长度可允许短15%,但不应超长;螺纹不得有偏丝、细丝和乱丝等缺陷。

3. 常用手工机具

(1)管钳、链条管钳。

管钳又称管子扳手,用于安装与拆卸管子及管件。管钳分张开式和链条式两种,见图1-13。张开式管钳是由钳柄和活动钳口组成,活动钳口与钳把用套夹相连,用螺母调节钳口大小,钳口上有轮齿以便咬牢管子转动。链条管钳,用于较大外径管子的安装或拆卸。其中链条也是用来固牢管子的。

管钳、链条管钳的规格及使用范围,见表1-12。

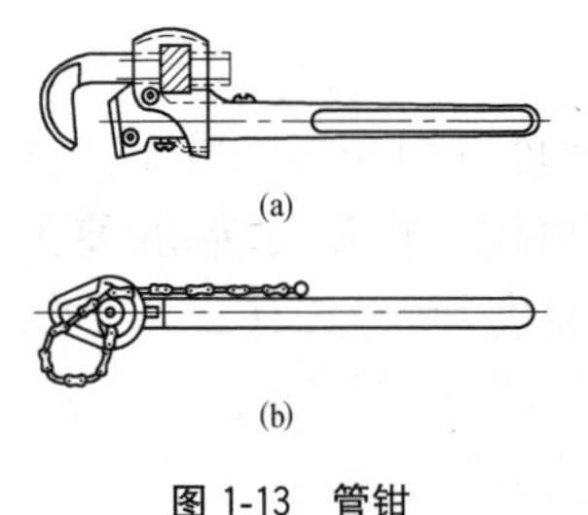

图1-13　管钳
(a)张开式;(b)链条式

表1-12　张开式、链条式管钳的规格及使用范围

名称	规格(in)①	使用范围(公称直径)/mm	使用范围(公称直径)/in
张开式管钳	10	15～20	
	14	20～25	
	18	30～40	
	24	40～50	
	36	70～80	
	48	80～100	
链条式管钳	36	80～125	3～5
	48	80～200	3～8

注:①1in=2.54cm。

(2)套螺纹板。

套螺纹板亦称管子铰板,又叫代丝。用于手工套割管子外螺纹。

(3)钢锯、锯管器。

钢锯可分为固定式和可调式锯弓两种。它和锯管器,又称管子割刀，都可用来锯(割)断管子或钢件(圆钢、角钢等)。

(4)管子台虎钳。

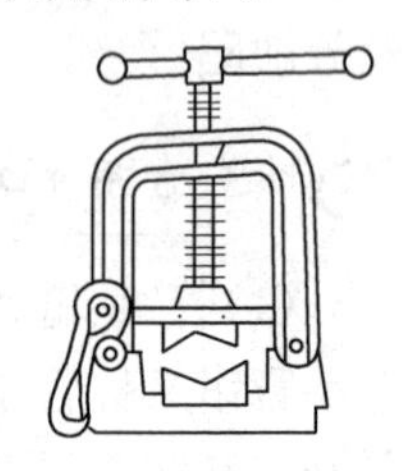

图 1-14 龙门轧头

管子台虎钳又称龙门台虎钳，龙门轧头(龙门压力)见图 1-14。它是以把手回转丝扣，使上牙板上下移动，与下牙板一起把管子卡紧，以便进行套螺纹或锯(割)管子等。管子台虎钳的规格，见表 1-13。它分为 6 种规格(号)，适用公称管径在 15～250mm 范围内。

表 1-13 管子台虎钳规格表 (单位：mm)

规格/号	1	2	3	4	5	6
夹持管子外径	10～73	10～89	15～114	15～165	30～220	30～300

(5)台虎钳。

台虎钳又称老虎钳，虎钳子。同样可以用来夹稳管子。它有两种形式：固定式不能转动；转盘式可按工作需要转动，使工人在工作时具有更大的方便。钳口的宽度，固定式有 2″、3″、4″、5″、6″、7″、8″、12″八种；转盘式有 3½″、4″、5″、6″、8″五种。

(6)活扳手、呆扳手、梅花扳手、套筒扳手。

扳手的作用是用于安装拆卸四方头和六方头螺栓及螺母、活接头、阀门、根母等零件和管件。活扳手的开口大小是可以调整的，呆扳手、梅花扳手、套筒扳手的开口不能进行调节，其中梅花扳手和套筒扳手是成套工具。活扳手的规格，见表 1-14。

表 1-14 活扳手的规格 (单位：mm)

全长	100	150	200	250	300	370	450	600
最大开口宽度	14	19	24	30	36	46	55	65

(7)管用丝锥和丝锥铰手。

管用丝锥又称管子螺丝攻,可用于铰制金属管子和机械零件的内螺纹。它分为圆柱形和圆锥形两种,见图 1-15。

丝锥铰手又称螺丝攻铰手、螺丝攻扳手。旋转两端把手,可装夹丝锥上的方头,从而攻制小直径的金属管子和机械零件的内部螺纹,见图 1-16。

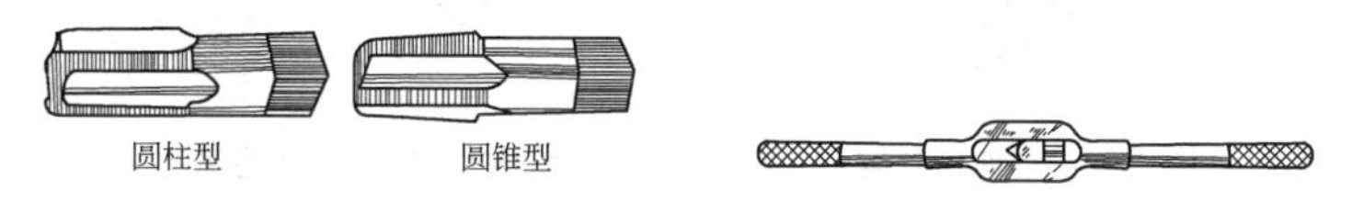

图 1-15 丝锥铰手　　图 1-16 管用丝锥

(8)铸管捻口工具。

①锤子(手锤)。打石棉水泥接口时,工人左手握麻錾子(凿子)或灰錾子,右手握锤子用来打麻錾子、灰錾子。锤子的规格,分别为 0. 22kg、0. 33kg、0. 44kg、0. 66kg、0. 88kg、1. 1kg、1. 32kg。

②麻錾子、灰錾子。麻錾子、灰錾子用来给承插口间隙填塞填料。其规格一般根据管径大小,选定螺纹钢或圆钢现场锻制。贴里、贴外打口使用的麻錾子或灰錾子,其尺寸见图 1-17,括号内的数字为灰錾子数值。

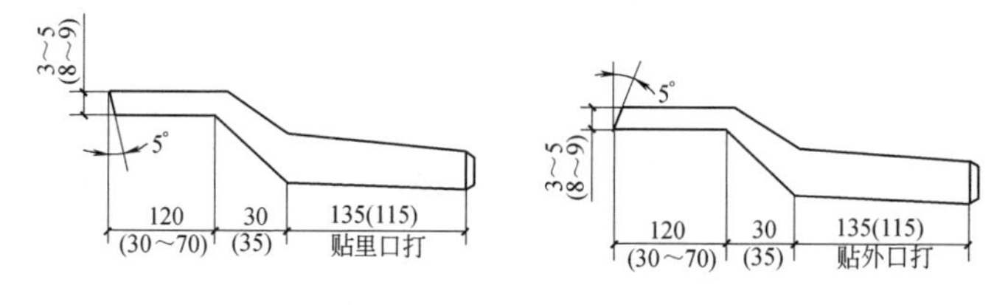

图 1-17 麻錾子、灰錾子(单位:mm)

(9)手摇砂轮架。

手摇砂轮架携带方便，特别适合于手工工场、流动工地及一时难以接通电源的地方。它可以用来磨削管子和小型工件的表面、磨锐刀具或对小口径管子进行坡口等，见图1-18。

图1-18　手摇砂轮架

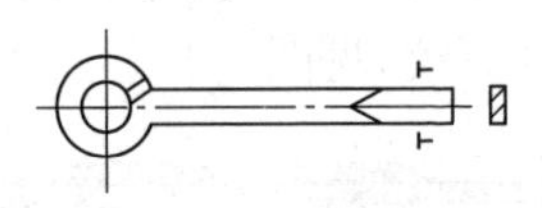

图1-19　组对散热器用的钥匙

(10)组对散热器用的钥匙。

散热器的组对，一般在特制的组装架上进行。架高为600mm。组对用的工具，称为钥匙，是用ϕ25mm圆钢锻制而成的，见图1-19。组对长翼型散热器的钥匙，长约350～400mm；柱形散热器的钥匙，长约250mm。为了拆卸成组散热器的中间片，还需配有较长的钥匙，其长度根据需要而定。

第2部分　管道工岗位操作技能

一、管道下料

管道系统由不同形状、不同长度的管段组成。管段是指两管件（或阀件）之间的一段管道，管段长度（构造长度）就是两管件中心的距离。水暖工要掌握正确的量尺下料方法，以保证管道的安装质量。

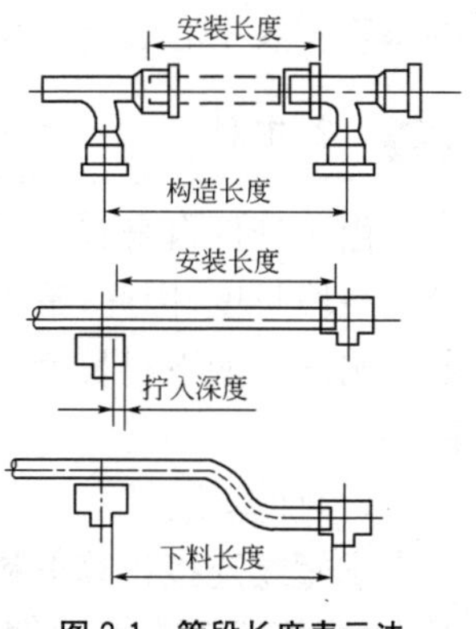

图2-1　管段长度表示法

管段中管子在轴线方向的有效长度称为管段的安装长度。管段安装长度的展开长度称为管段的加工长度（下料长度）。当管段为直管时，加工长度等于安装长度；如管段中有弯时，其加工长度等于管子展开后的长度，见图2-1。

1. 量尺

量尺的目的是要得到管段的构造长度，进而确定管子加工长度。当建筑物主体工程完成后，可按施工图上管子的编号及各部件的位置和标高，计算出各管段的构造长度，同时用钢尺进行现场实测并核查。根据实测与计算的结果绘制出加工安装草图，标出管段的编号与构造长度。

具体量尺有以下几种方法。

(1)直线管段上的量尺,可使尺头对准后方管件(或阀件)的中心,读前方管件(或阀件)的中心读数,得到管段的构造长度。

(2)沿墙、梁、柱等安装管道,量尺时尺头顶住墙表面,读另一侧管件的中心读数。再从读数中减去管道与建筑墙面的中心距离,则得到管段的构造长度。

(3)各楼层立管的安装标高的量尺,应将尺头对准各楼层地面,读设计安装标高净值。为确保量尺准确,应在吊线弹出立管的垂直安装中心线上量尺。

2. 下料

由于管件自身有一定长度,且管子螺纹连接时又要深入管件内一段长度,因此,量出构造长度后,还要通过一定的方法才能得出准确的下料长度。管段的下料方法,有计算法和比量法两种。

(1)计算法。

①螺纹连接计算下料。管子的加工长度应符合安装长度的要求,当管段为直管时,加工长度等于构造长度减去两端管件长的一半再加上内螺纹的长度,见图 2-2。

其下料尺寸 l'_1 按下式计算:

$$l'_1 = L_1 - (b + c) + (b' + c') \tag{2-1}$$

当管段中有转弯时,应将其展开按下式计算:

$$l'_2 = L_2 - (a + b) + (a' + b') - A + L \tag{2-2}$$

式中 a、b、c——管件的一半长度;

a'、b'、c'——管螺纹拧入的深度,可参照表 2-1 选取;

L_1、L_2——管段构造长度;

A、L——弯管的直边、斜边长度。

表 2-1　　管螺纹拧入深度　　（单位：mm）

公称直径	15	20	25	32	40	50
拧入深度	11	13	14	16	18	20

②承插连接计算下料。计算时，先量出管段的构造长度，并且查出连接管件的有关尺寸，见图 2-3，然后按下式计算其下料长度：

$$l = L - (l_1 - l_2) + a - l_4 + b \tag{2-3}$$

式中字母代表的含义，见图 2-3。

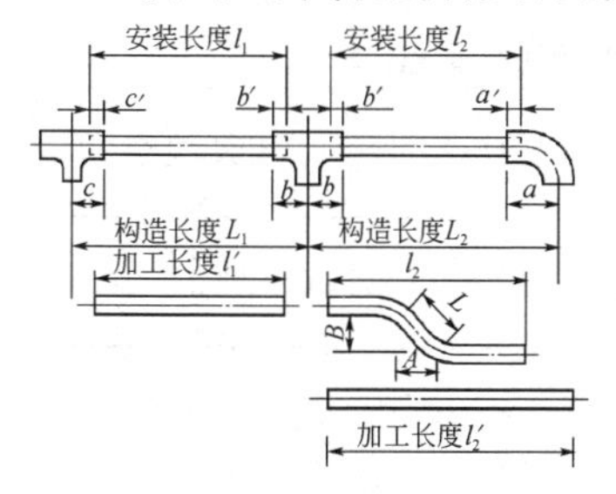

图 2-2　管段长度示意

图 2-3　承插管下料尺寸

(2)比量法。

①螺纹连接的比量下料。先在管子一端拧紧安装前方的管件，用连接后方的管件比量，使其与前方管件的中心距离等于构造长度，从管件边缘按拧入深度在直管(或弯管)上划出切割线，再经切断、套丝后即可安装。

②承插连接的比量下料。先在地上将前后两管件中心距离作为构造长度，再将一根管子放在两管件旁，使管子承口处于前方管件插口的插入深度，在管子另一端量出管件承口的插入深度处，划出切断线，经切断后即可安装。

比量下料的方法简便实用，在现场施工时应用广泛。

③搣弯管件的下料。搣弯管件的下料可按表 2-2 中所列公式计算。

表 2-2　搣管下料计算公式

搣弯度数	计算公式
90°	$2\pi R/4=1.57R$
45°	$1.57R/2=0.785R$
任意角	$2\pi R\alpha/360°=0.1745R\alpha$
60°来回弯	下料总长$=L_1+L_2+1.155$挡距$+0.939R$，见图2-4，L_1、L_2分别为两管端点到起弯点的直线距离。 挡距是指L_1、L_2两管间的垂直距离
45°来回弯	下料总长$=L_1+L_2+1.4142$挡距$+0.742R$，见图 2-5
30°来回弯	下料总长$=L_1+L_2+2$挡距$+0.511R$，见图 2-6

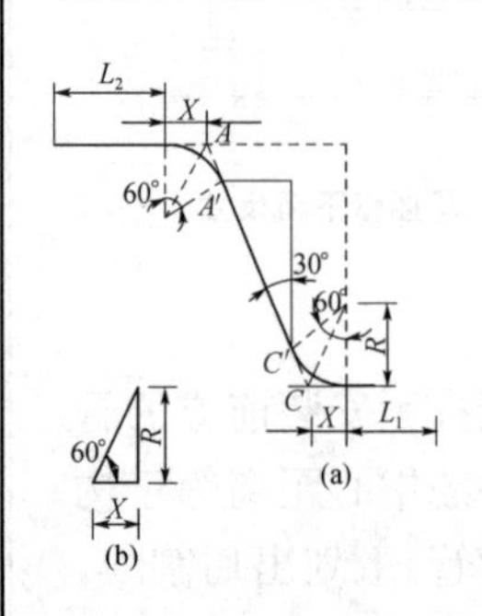

图 2-4　搣 60°来回弯下料计算

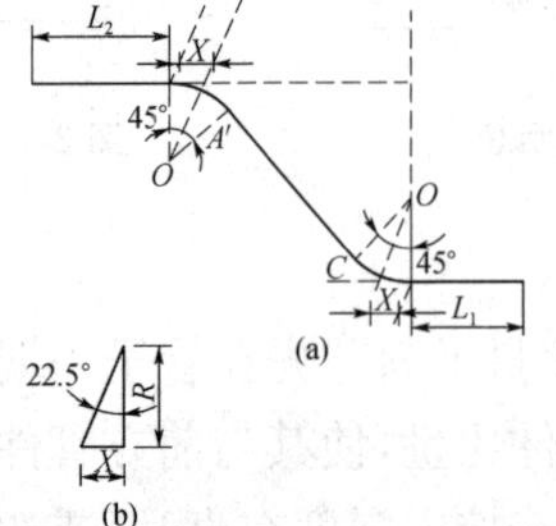

图 2-5　搣 45°来回弯下料计算

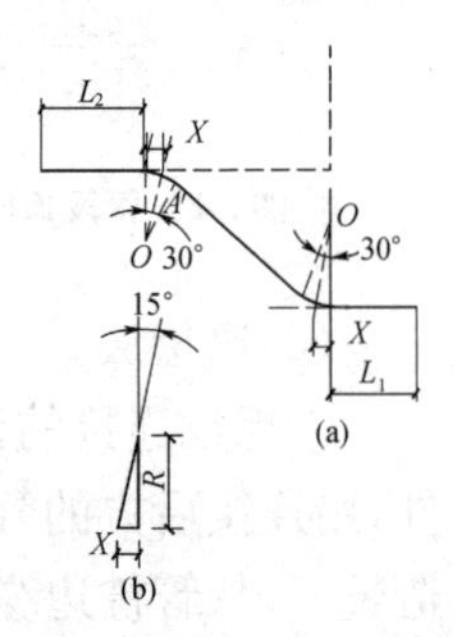

图 2-6　搣 30°来回弯下料计算

二、管道连接

管道连接是指按照设计图的要求，将已经加工预制好的管段连接成一个完整的系统。

在施工中，根据所用管子的材质选择不同的连接方法。铸铁管一般采用承插连接；普通钢管有螺纹连接、焊接和法兰连接；无缝钢管、有色金属及不锈钢管多为焊接和法兰连接；塑料管的连接有：螺纹连接、黏接和热熔连接、卡套式连接等。

1. 金属管道连接

(1)螺纹连接。

螺纹连接（也称丝扣连接），可用于冷、热水，煤气以及低压蒸汽管道。在施工中使用螺纹连接的最大管径一般都是在150mm以下。

①螺纹选择。按螺纹牙型角度的不同，管螺纹分为55°管螺纹和60°管螺纹两大类。在我国长期以来广泛使用55°管螺纹。当焊接钢管采用螺纹连接时，管子外螺纹和管件内螺纹均应用55°管螺纹。在引进项目中会遇到60°管螺纹。因此，在从国外引进的装置或购买的产品使用管螺纹连接时，应首先确定是55°管螺纹还是60°管螺纹，以免发生技术上的失误。

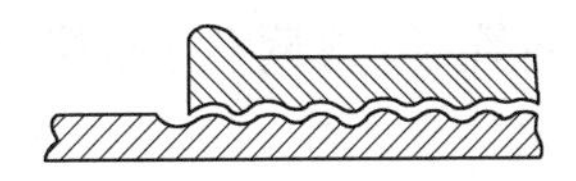

图2-7　圆柱形接圆柱形螺纹

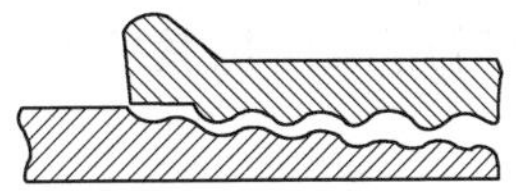

图2-8　圆锥形接圆柱形螺纹

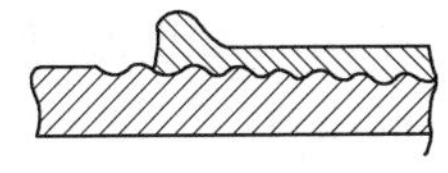

图2-9　圆锥形接圆锥形螺纹

用于管子连接的螺纹有圆锥形和圆柱形两种。连接的方式有三种：圆柱形内螺纹套入圆柱形外螺纹，见图2-7；圆柱形内螺纹套入圆锥形外螺纹，见图2-8；圆锥形内螺纹套入圆锥形外螺纹，见图2-9。其中后两种方式在施工中普遍使用。

②螺纹连接。管螺纹连接时，先在管子外螺纹上缠抹适量

的填料。管子输送的介质温度在120℃以内可使用油麻丝和铅油做填料。操作时，一般将油麻丝从管螺纹第二、第三扣开始沿螺纹按顺时针缠绕。缠好后再在麻丝表面上均匀地涂抹一层铅油。然后用手拧上管件，再用管钳或链条钳将其拧紧。当输送介质温度较高时，最好使用聚四氟乙烯作密封填料，方法与用麻丝基本相同。

聚四氟乙烯生料带（简称生料带或生胶带），可用于－180～250℃的液体和气体及耐腐蚀性管道，如煤气管道、冷冻管道以及其他无特殊要求的一般性管道。生料带使用方法简便，将其薄膜紧紧地缠在螺纹上便可装配管件。

以上各种填料在螺纹连接中只能使用一次，若螺纹拆卸，应重新更换。

管螺纹连接时，要选择合适的管钳，用小管钳紧大管径达不到拧紧的目的，用大管钳拧小管径，会因用力控制不准而使管件破裂。上管件时，要注意管件的位置和方向，不可倒拧。

(2)法兰连接。

法兰连接就是将固定在两个管口（或附件）上的一对法兰盘中间加入垫圈，然后用螺栓拉紧密封，使管子（或附件）连接起来。

法兰是一种可随时装卸的接头。可使管道系统增加泄漏性和降低管道弹性，同时造价也高些。优点是结合强度高，拆卸方便。

一般在低压管道（工作压力＜2.5MPa）中，法兰盘多用于管道与法兰阀门的连接；在中压管道（工作压力2.6～10.0MPa）和高压管道（工作压力≥10.0MPa）中，法兰盘除用于阀门连接外，适用于与法兰配件和设备的连接。

常用的法兰盘有铸铁和钢制两类。法兰盘与管子连接有螺纹连接、焊接和翻边松套三种。在管道安装中，一般以平焊钢法兰为多用，铸铁螺纹法兰和对焊法兰则较少用，而翻边松套法兰常用于输送腐蚀性介质的管道，工作压力在 0.6MPa 范围内。

①铸铁螺纹法兰连接。这种连接方法多用于低压管道，它是用带有内螺纹的法兰盘与套有同样公称直径螺纹的钢管连接。连接时，在套丝的管端缠上麻丝，涂抹上铅油填料。把两个螺栓穿在法兰的螺孔内，作为拧紧法兰的力点，然后将法兰盘拧紧在管端上。连接时要注意法兰一定要拧紧，加力对称进行，即采用十字法拧紧。

②钢法兰平焊连接。平焊钢法兰用的法兰盘通常是用 A3、A5 和 20 号钢加工的，与管子的装配是用手工电弧焊进行焊接。焊接时，先将管子垫起来，用水平尺找平，将法兰盘按规定套在管子上，用角尺或线锤找平，对正后进行点焊。然后检查法兰平面与管子轴线是否垂直，再进行焊接。焊接时，为防止法兰变形，应按对称方向分段焊接，见图 2-10。

注意：平焊法兰的内外两面必须与管子焊接。

③翻边松套法兰连接。翻边松套法兰，见图 2-11。一般塑料管、铜管、铅管等连接时常用。翻边要求平直，不得有裂口或起皱等损伤。

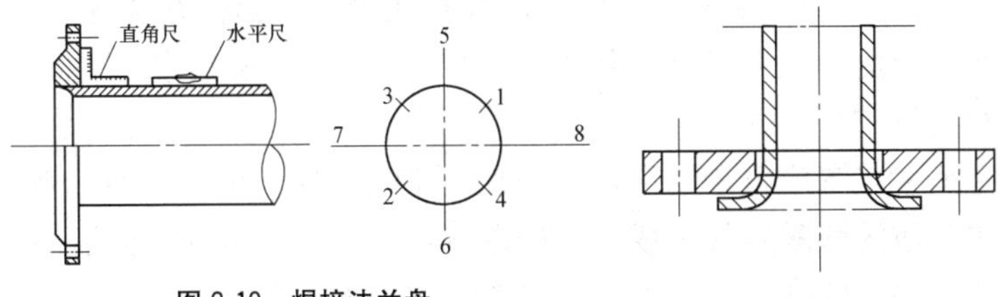

图 2-10　焊接法兰盘

注：1～8 焊接顺序

图 2-11　翻边松套法兰

翻边时，要根据管子的不同材质选择不同的操作方法，如聚氯乙烯塑料管翻边是将翻边部分加热(130～140℃)5～10min后，将管子用胎具扩大成喇叭口后再翻边压平，冷却后即可成型。

铜管翻边是将经过退火的管端画出翻边的长度，套上法兰，用小锤均匀敲打，即可制成。

铅管很软，翻边更容易，操作时应使用木槌(硬木)敲打，方法与铜管相同。

图 2-12 即为铜管、铅管和塑料管的翻边方法。

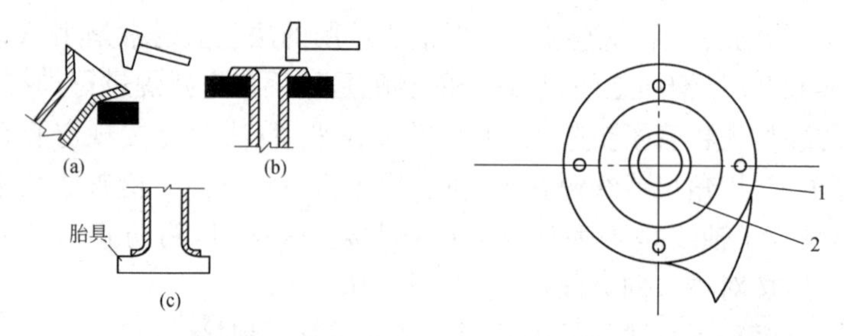

图 2-12 管子翻边

(a)铜管翻边;(b)铅管翻边;
(c)塑料管翻边

图 2-13 法兰垫圈

1—法兰;2—垫圈

④法兰连接用垫圈。法兰连接时，无论使用哪种方法，都必须在法兰盘与法兰盘之间垫上适应输送介质的垫圈，从而达到密封的目的。

法兰垫圈应符合要求，不允许使用斜垫圈或双层垫圈。平面法兰所用垫圈要加工成带把的形状，见图 2-13，以便于安装或拆卸。垫圈的内径不得小于管子的直径，外径不得遮挡法兰盘上的螺孔。

法兰垫圈分软垫和硬垫两大类，一般水、煤气管、中低压工业管道采用软垫圈。而高温高压和化工管道上多采用硬垫圈即金属垫圈。

常用垫圈介绍如下。

a. 橡胶垫圈：用橡胶板制成，其适用范围见表 2-3。其作用是借助安装时的预加压力和工作时工作介质的压力，使其产生变形来达到的。

b. 橡胶石棉板垫圈：是橡胶和石棉混合制品，此垫圈在用作水管和压缩空气管道法兰时，应涂以鱼油和石墨粉的拌和物；用作蒸汽管道法兰时，应涂以机油与石墨粉的拌和物。其适用范围见表 2-4。

表 2-3　橡胶垫圈的适用范围

橡胶名称	介质	温度/℃
普通橡胶	水、压缩空气、惰性气体	＜60
耐油橡胶	润滑油、燃料油、液压油等	＜80
耐热橡胶	水、压缩空气	＜120
耐酸碱橡胶	浓度≤20%硫酸、盐酸、氢氧化钠等	＜60

表 2-4　橡胶石棉板垫圈适用范围

名　称		介质	温度/℃	压力/MPa
橡胶石棉板	低压	水、蒸汽、压缩空气、煤气、惰性气体等	200	1.6
	中压	水、蒸汽、压缩空气、煤气、惰性气体等	350	4.0
	高压	蒸汽、压缩空气、煤气、惰性气体等	450	10.0
耐油橡胶石棉板		油品、液化气、溶剂、催化剂等	350	4.0

c. 金属垫圈：由于非金属垫圈在高压下会失去弹性，所以不能用在高压介质的管道法兰上。当工作压力≥6.4MPa 时，则

应考虑使用金属垫圈。

常用的金属垫圈截面有齿形、椭圆形和八角形等数种。选用时注意垫圈材质应与管材一致。

法兰连接时,要注意两片法兰的螺栓孔对准,连接法兰的螺栓应用同一种规格,全部螺母应位于法兰的某一侧。如与阀件连接,螺母一般应放在阀件一侧。紧固螺栓时,要使用合适的扳手,分2～3次拧紧。紧固螺栓应按照如图2-14的次序对称均匀地进行,大口径法兰最好两人在对称位置同时进行。连接法兰的螺栓端部伸出螺母的长度,一般为2～3扣。螺栓紧固还应根据需要加一个垫片,紧固后,螺母应紧贴法兰。

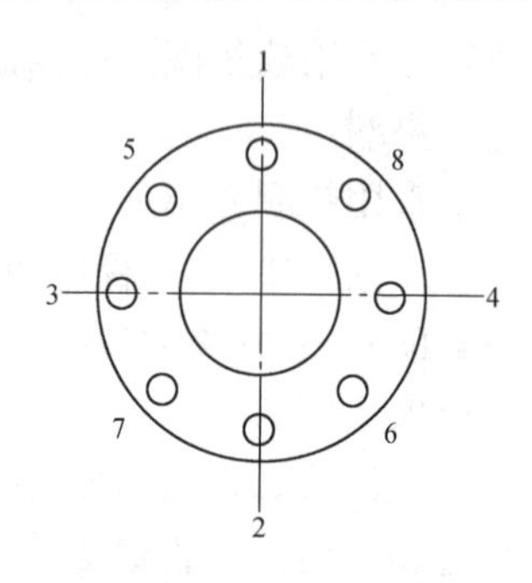

图2-14 紧固法兰螺栓次序

另外,安装管道时还应考虑法兰不能装在楼板、墙壁或套管内。为了便于拆装,法兰盘安装位置应与固定建筑物或支架保持一定距离。

2. 塑料(复合)管连接

(1)塑料(复合)管道连接方式。

①卡压式(冷压式)。不锈钢接头,专用卡钳压紧,适用于各种管径的连接。

②卡套式(螺纹压紧式)。铸铜接头,采用螺纹压紧,可拆卸,适用于管径不大于32mm的管道连接。

③螺纹挤压式。铸铜接头,接头与管道之间加塑料密封层,采用锥形螺帽挤压形式密封,不得拆卸,适用于管径不大于32mm的管道连接。

④过渡连接。塑料复合管与其他管材、卫生设备金属配件、

阀门连接时，采用带铜内螺纹或铜外螺纹的过渡接头、管螺纹连接。

(2)清理。

管道连接前，应对材料的外观和接头的配件进行检查，并清除管道和管件内的污垢和杂物，使管材与管件的连接端面清洁、干燥、无油。

(3)卡套式连接程序。

①按设计要求的管径和现场复核后的管道长度截断管道。检查管口，如发现管口有毛刺、不平整或端面不垂直管轴线时，应修正。

②用专用刮刀将管口处的聚乙烯内层削坡口，坡角为20°～30°，深度为1.0～1.5mm，且应用清洁的纸或布将坡口残屑擦干净。

③将锁紧螺母、C形紧箍环套在管上，用整圆器将管口整圆；用力将管芯插入管内，至管口达管芯根部。

④将C形紧箍环移至距管口0.5～1.5mm处，再将锁紧螺母与管件本体拧紧。

(4)PP-R管连接。

①同种材质的PP-R管材和管件之间，应采用热熔连接或电熔连接。熔接时应使用专用的热熔或电熔焊接机具。直埋在墙体内或地面内的管道，必须采用热(电)熔连接，不得采用螺纹或法兰连接。螺纹或法兰连接的接口必须明露。

②PP-R管材与金属管件相连接时，应采用带金属嵌件的PP-R管件作为过渡，该管件与PP-R管材采用热(电)熔连接，与金属管件或卫生洁具的五金配件采用螺纹连接。

③便携式热熔焊机适用于公称外径$DN \leqslant 63$mm的管道焊接，台式热熔焊机适用于公称外径$DN \geqslant 75$mm的管道焊接。

④热熔连接应按下列步骤进行：

a. 热熔工具接通电源，待达到工作温度（指示灯亮）后，方能开始热熔。

b. 加热时，管材应无旋转地将管端插入加热套内，插入到所标记的连接深度；同时，无旋转地把管件推到加热头上，并达到规定深度的标记处。加热时间必须符合表 2-5 的规定（或见热熔焊机的使用说明）。

c. 达到规定的加热时间后，必须立即将管材与管件从加热套和加热头上同时取下，迅速无旋转地沿管材与管件的轴向直线均匀地插入到所标识的深度，使接缝处形成均匀的凸缘。

d. 在规定的加工时间（见表 2-5）内，刚熔接的接头允许立即校正，但严禁旋转。

e. 在规定的冷却时间（见表 2-5）内，应扶好管材、管件，使它不受扭、弯和拉伸。

表 2-5　　热熔连接深度及时间

公称外径 *DN*/mm	热熔深度/mm	加热时间/h	加工时间/h	冷却时间/min
20	14	5	4	3
25	16	7	4	3
32	20	8	4	4
40	21	12	6	4
50	22.5	18	6	5
63	24	24	6	6
75	26	30	10	8
90	32	40	10	8
110	38.5	50	15	10

注：本表加热时间应按热熔机具产品说明书及施工环境温度调整。若环境温度低于 5℃，加热时间应延长 50%。

⑤电熔连接应按下列步骤进行：

a. 按设计图将管材插入管件，达到规定的热熔深度，校正好方位。

b. 将电熔焊机的输出接头与管件上的电阻丝接头夹好，开机通电，达到规定的加热时间后断电。

（5）塑料复合管道法兰连接。

①将法兰盘套在管道上，有止水线的面应相对。

②校直两个对应的连接件，使连接的两片法兰垂直于管道中心线，表面相互平行。

③法兰的衬垫应采用耐热无毒橡胶垫。

④应使用相同规格的螺栓，安装方向一致，螺栓应对称紧固，紧固好的螺栓应露出螺母之外，宜齐平，螺栓、螺母宜采用镀锌件。

⑤连接管道的长度精确，紧固螺栓时，不应使管道产生轴向拉力。

⑥法兰连接部位应设置支架、吊架。

三、管道敷设

1. 管道敷设的原则

（1）敷设顺序。

管道敷设大体上可划分为室外管道敷设和室内管道敷设两大类。由于工程的具体情况各不相同，管道敷设应遵照施工组织设计或施工方案进行。一般情况下，管道敷设的施工顺序是：先地下，后地上；先大管道，后小管道；先高空管道，后低空管道；先金属管道，后非金属管道；先干管，后支管。在管道敷设过程中，要先安装支吊架，后安装管道；先安装进出或靠近建筑物的管道,后安装外部管道。

(2)避让原则。

在管道敷设过程中,如果各类管道发生交叉,通常的避让原则是:小管道让大管道;压力管道让重力流管道;低压管道让高压管道;一般管道让高温或低温管道;辅助管道让物料管道;一般物料管道让易结晶、易沉淀管道;支管道让主管道。

2. 室外管道敷设

室外管道的敷设形式,可分为地下敷设和地面敷设(即架空敷设)。

(1)地下管道敷设。

①无地沟敷设。无地沟敷设管道也就是直埋管道,它们的施工顺序是:测量放线→挖土→沟槽内管基处理→下管前预制及防腐→下管→管道连接→试压→接口防腐处理→回填土。在实际工程中,除了压力铸铁管道和输油、输气等压力钢制管道,通常采用直埋敷设方式,近年来也在推广有保温层的热力管道进行直埋敷设的施工方法。

②地沟敷设。地沟敷设分为通行地沟、半通行地沟和不通行地沟三种。地沟采用混凝土底板,沟壁用钢筋混凝土或红砖砌筑,盖板用钢筋混凝土预制板。

通行地沟内通道高度为 1.8～2.0m,通行宽度不小于 0.7m,施工及维修人员可在沟内进行施工和日常维修工作,管道和支架的布置形式见图 2-15(a)。

半通行地沟内通道高度一般为 1.2～1.4m,通行宽度为 0.5～0.6m,维修人员可弯腰通行,见图 2-15(b)。

不通行地沟的断面尺寸没有具体规定,沟内的管道只能单层布置,投入使用后无法对管道进行维修,见图 2-15(c)。

(2)地面管道敷设。

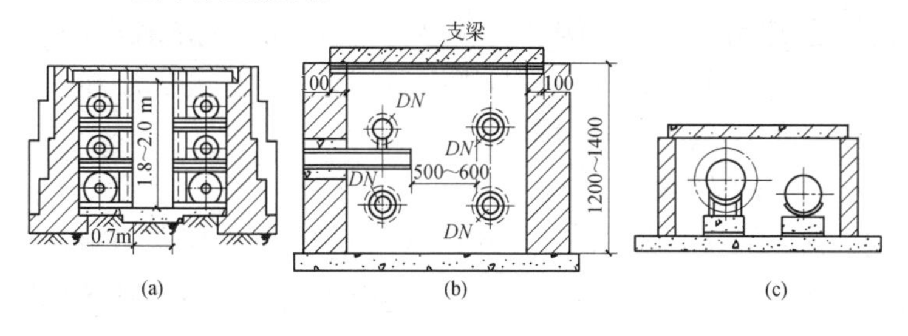

图2-15　热力地沟

(a)通行地沟;(b)半通行地沟;(c)不通行地沟

①高支架敷设。支架净高一般为4.5～6.0m。如果只用于管道跨越厂区道路或公路,净高可为4.5m,跨越铁路净高(距钢轨面)需6.0m,对电气化铁路需6.55m,支架可采用钢筋混凝土结构或钢结构。在管路中安装阀门、补偿器、检测仪表的地方需设置操作平台和爬梯,以便管理和维修人员使用。

②中支架敷设。支架净高一般为2.5～4.0m,这种高度便于厂区机动车、非机动车和行人来往。中支架可以采用钢筋混凝土结构或钢结构。

③低支架敷设。管道低支架敷设也称为管墩敷设,管墩用混凝土浇筑或用红砖砌筑,当管道根数较多时,也可以用钢筋混凝土制成较宽的管架。低支架的净高一般为0.5～1.0m,最低应保证管道保温层底面距地面净高不少于0.3m。采用低支架敷设的管道经过各种路口时,可以局部改为中支架或高支架。

3. 室内管道敷设

室内管道敷设主要有明装和暗装两种形式。

(1)管道明装。

管道明装是指当工程完工并投入使用后,能够看到管道走向的安装方式。管道明装便于施工和维修,但这种敷设方式多占用建筑物的空间,影响室内观感,同时对施工要求较高,要做到横平竖直,管道表面涂漆与周围环境要协调。在工厂和一般民用住宅中,管道多采用明装。

(2)管道暗装。

管道暗装是指工程完工并投入使用后,从外面看不到管道的安装方式,如干管设在室内地沟或顶棚内,立管、支管设在墙槽内,只有供人使用或操作的部位才显露出来,其余部分都是隐蔽的。这种敷设方式对管道的观感要求不是很高,但要求其内在质量好,否则日后维修十分不便。在施工中,对于供用户使用或操作的明装部位,要准确到位。在宾馆、饭店及高级民用住宅中,管道多采用暗装,为便于施工管理及维修,各种管道立管都集中在管道间内,在高层建筑中还设有专门安装设备和管道的设备层,所有这些措施,不仅是为了为用户营造一个美观舒适的环境,还可以在一定程度上进行管道的维修工作。

四、管道支(吊)架制作与安装

1. 支架制作

(1)活动支架。

活动支架用于水平管道上,有轴向位移和横向位移,但没有或只有很少垂直位移的地方。活动支架包括滑动支架、滚动支架、悬吊支架等。滑动支架用于对摩擦作用力无严格限制的管道。滚动支架用于介质温度较高、管径较大且要求减少摩擦作用力的管道。悬吊支架用于不便设置支架的地方。

①滑动支架。滑动支架分低滑动支架和高滑动支架两种。低滑动支架可分为两种形式,即滑动管卡和弧形板滑动支架,见

图 2-16(a)、如 2-16(b)。高滑动支架见图 2-16(c)。

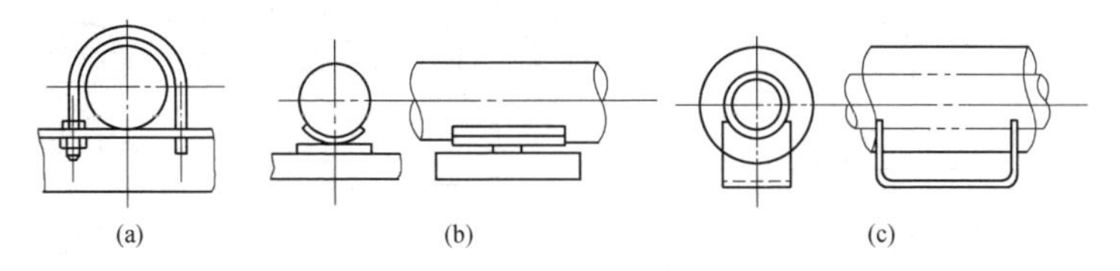

图 2-16　滑动支架

(a)滑动管卡;(b)弧形板滑动支架;(c)高滑动支架

a. 滑动管卡(简称管卡)。适用于室内采暖及供热的不保温管道。制作管卡可用圆钢和扁钢,支架横梁可用角钢或槽钢。

b. 弧形板滑动支架。适用于室外地沟内不保温的热力管道以及管壁较薄且不保温的其他管道。

c. 弧形板滑动支架。是在管子下面焊接弧形板块,其目的是为了防止管子在热胀冷缩的滑动中与支架横梁直接发生摩擦而使管壁减薄。

d. 高滑动支架。高滑动支架的管子与管托之间用电焊焊死,而管托与支架横梁之间能自由滑动,管托的高度应超过保温层的厚度,以确保带保温层的管子在支架横梁上能自由滑动。

e. 导向支架。导向支架是滑动支架中的一种。导向支架是防止管道由于热胀冷缩在支架上滑动时产生横向偏移的装置。制作方法是在管子托架两侧各焊接一块长短与滑托长度相等的角铁,留有 2～3mm 的间隙,使管子托架在角钢制成的导向板范围内自由伸缩,见图 2-17。

②滚动支架。滚动支架分为滚珠支架和滚柱支架两种,主要用于大管径且无横向位移的管道。两者相比,滚珠支架可承受较高温度的介质,而滚柱支架对管道的摩擦力则较大一些,见图 2-18。

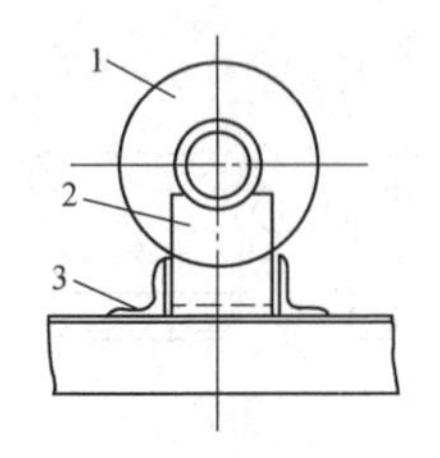

图 2-17　导向支架

1—保温层；2—管子托架；
3—导向板

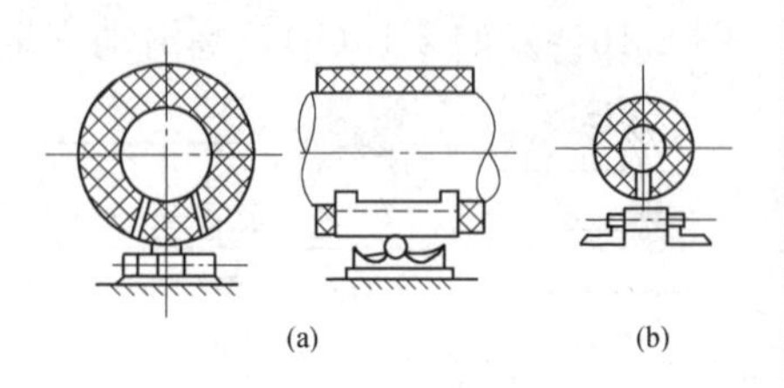

图 2-18　滚动支架

(a)滚珠支架；(b)滚柱支架

③悬吊支架(吊架)。吊架分普通吊架和弹簧吊架两种。普通吊架由卡箍、吊杆和支承结构组成，见图 2-19。

吊架用于口径较小，无伸缩性或伸缩性极小的管路。

弹簧吊架由卡箍、吊杆、弹簧和支承结构组成，见图 2-20。

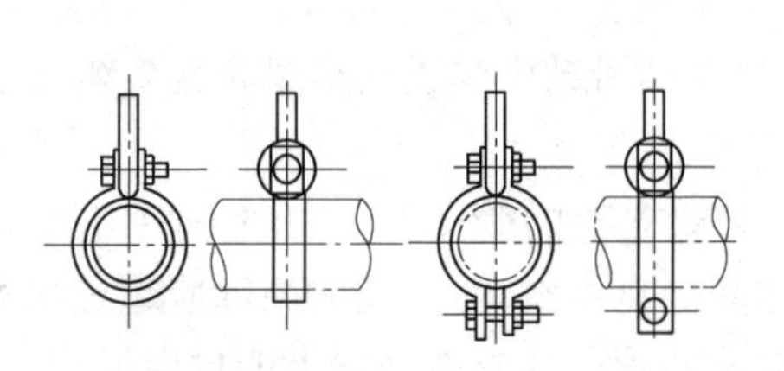

图 2-19　普通吊架

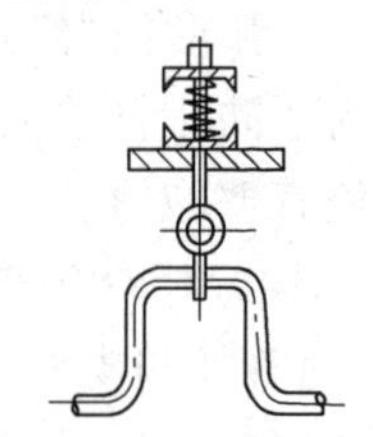

图 2-20　弹簧吊架

弹簧吊架用于有伸缩性及震动较大的管道。吊杆长度应大于管道水平伸缩量的数倍，并能自由调节。

(2)固定支架。

固定支架是为了均匀分配补偿器间管道的热伸长，保障补偿器的正常工作，防止因受过大的热应力而引起管道破坏与较大程度变形。固定支架形式如图 2-21。

固定支架种类很多，构造有繁有简，施工中如需制作固定支架，应按有关标准或施工图制作。

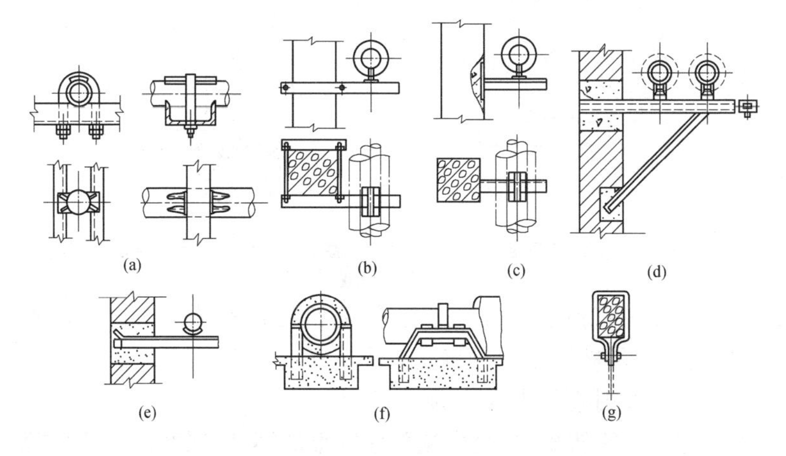

图 2-21　固定支架

(a)在梁上;(b)抱柱子;(c)焊在预留板上;(d)埋入墙内;(e)埋入墙内;(f)在基础上;(g)吊在梁上

2. 支架安装

(1)沿墙栽埋法固定。

栽埋法固定是将管道支架埋入墙内(栽埋孔在土建施工时预留),一般埋入部分不得少于150mm,并应开脚。栽支架后,用高于C20细石混凝土填实抹平。栽埋时,应注意支架横梁保持水平,顶面应与管子中心线平行,见图2-22。

(2)预埋钢板焊接固定。

如果是钢筋混凝土构件上的支架,应在土建浇筑时预埋钢板,待土建拆掉模板后找出预埋件并将表面清理干净,然后将支架横梁或固定吊架焊接在预埋钢板上,见图2-23。

(3)射钉和膨胀螺栓固定。

往建筑结构上安装支架还可采用射钉或膨胀螺栓进行固定。

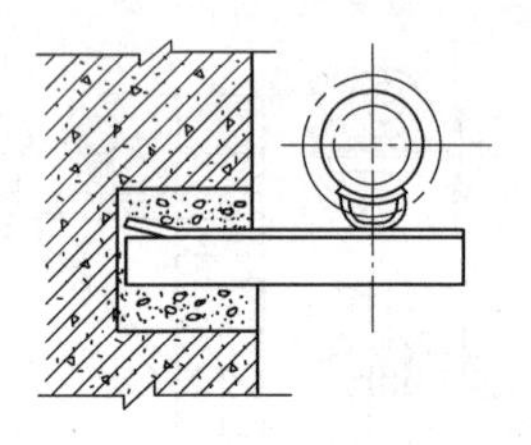

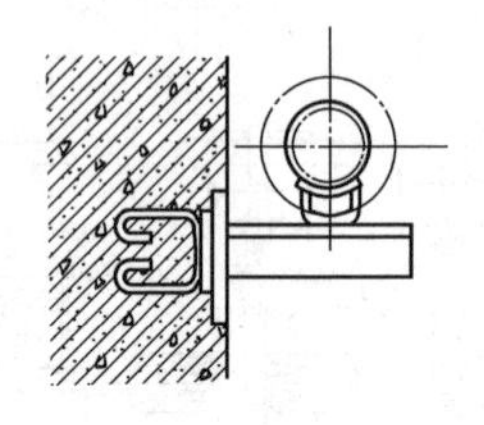

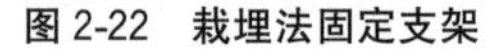

图 2-22　栽埋法固定支架　　　图 2-23　预埋钢板焊接固定支架

①在没有预留孔的结构上，用射钉枪将外螺纹射钉射入支架安装位置，然后用螺母将支架固定在射钉上，见图2-24。国产射钉枪可发射直径为 8～12mm的射钉。

②国产膨胀螺栓：是由尾部带锥形的螺杆、尾部开口的套管和螺母三部分组成，膨胀螺栓固定，见图 2-25。进口膨胀螺栓由尾部是开口的套管和套管内的锥柱形胀子两部分组成，在套管开口的另一端有内螺纹，见图 2-26。

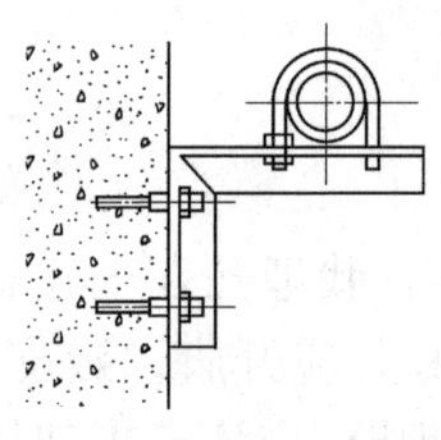

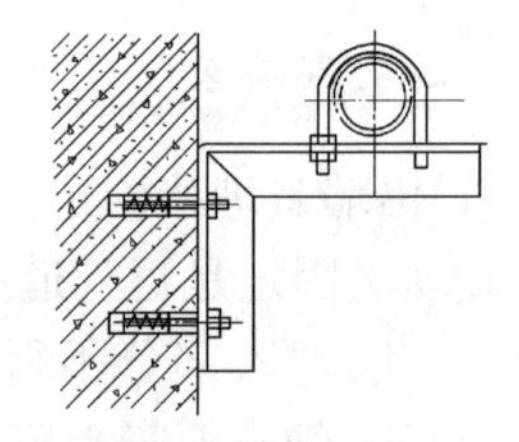

图 2-24　射钉固定支架　　　图 2-25　国产膨胀螺栓固定

③螺栓：常用规格有 M8、M10、M12 三种。用膨胀螺栓固定支架时，必须先在结构上安装螺栓的位置钻孔。

④钻孔：可用装有合金钻头的冲击手电钻或电锤进行。钻成的孔必须与结构表面垂直，孔的直径与膨胀螺栓套管外径相等，深度为套管长度加 10～15mm（进口膨胀螺栓不需外加）。装膨胀螺栓时，把套管套在螺杆上，套管的开口端朝向螺杆的锥形尾部，然后打入已钻好的孔内，到套管与结构表面齐平时，装

上支架，垫上垫圈，用扳手将螺母拧紧。随着螺母的拧紧，螺杆被向外抽拉，螺杆的锥形尾部就把开口的套管尾部胀开并紧紧地卡于孔壁，将支架牢牢地固定在结构上。

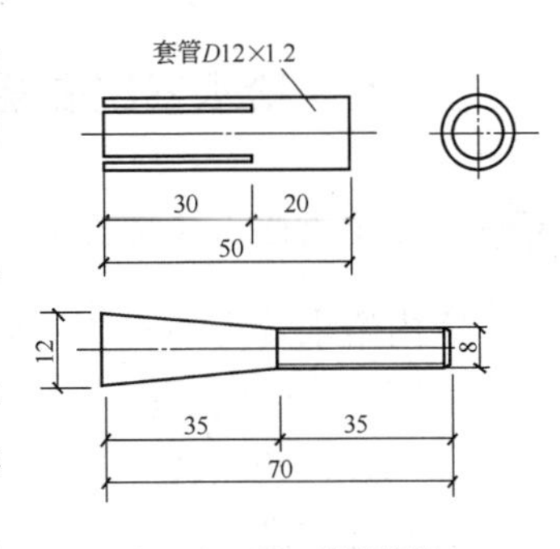

图 2-26　进口膨胀螺栓

⑤进口膨胀螺栓安装方法：将螺栓打进直径、深度都与本体相等的孔内，然后用冲子使劲冲胀子，使尾部开口胀开。随后则可用螺钉将支架固定在有内螺纹的套管上。

膨胀螺栓固定混凝土墙体上所承受的最大拉力，以及膨胀螺栓与所配钻头直径的选用参数见表 2-1。

表 2-1　膨胀螺栓拉力及钻头选用

膨胀螺栓	M6	M8	M10	M12	M14	M16
承受最大拉力/N	500～600	600～800	1000～1200	1200～1400	1200～1400	1400～1600
所配钻头直径/mm	8.0	10.5	13.5	17.0	19.0	22.0

(4)抱箍式固定。

沿柱子安装管道可以采用抱箍固定支架，结构见图 2-27。

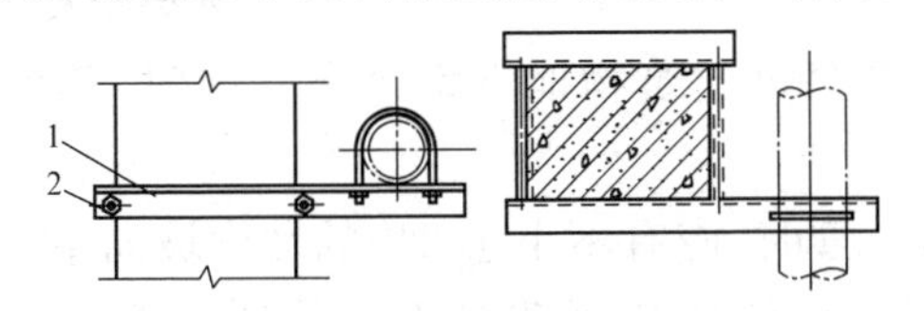

图 2-27　抱箍固定支架

1—支架横梁；2—双头螺栓

五、室内给水系统安装

1. 室内给水管道安装

室内给水管道的安装一般是先安装室外引入管，然后安装室内干管、立管和支管。

(1)引入管安装。

引入管的敷设，应尽量与建筑物外墙的轴线相垂直。为防止建筑物下沉而破坏管道，引入管穿建筑物基础时，应预留孔洞或钢套管，保持管顶的净空尺寸不小于 150mm。预留孔与管道间空隙用黏土填实，两侧用 1∶2 水泥砂浆封口，见图 2-28。引入管由基础下部进入室内的敷设方法，见图 2-29。

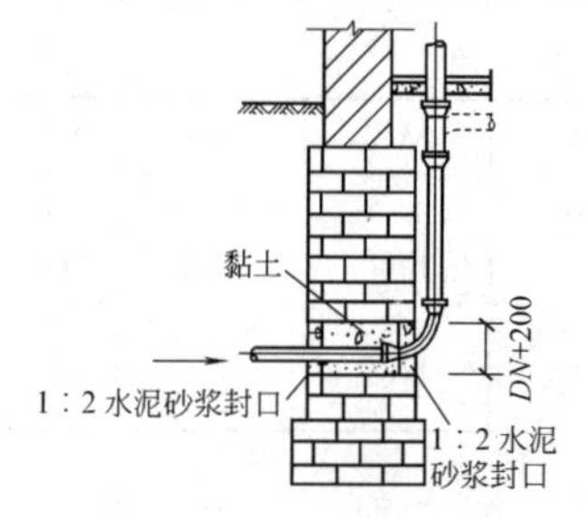

图 2-28　引入管穿墙基础图

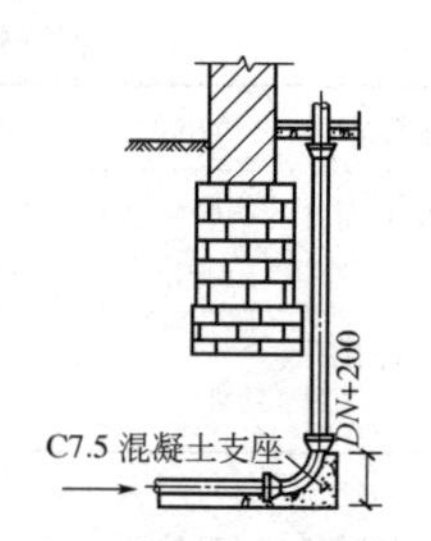

图 2-29　引入管由基础下部进室内大样图

当引入管穿过建筑物地下室进入室内时，其敷设方法见图2-30。

敷设引入管时，应有不小于 3‰的坡度坡向室外。引入管的埋深，应满足设计要求，若设计无要求时，通常敷设在冰冻线以下 20mm，覆土不小于 0.7～1.0m的深度。

给水引入管与排水排出管的水平净距不得小于 1m。

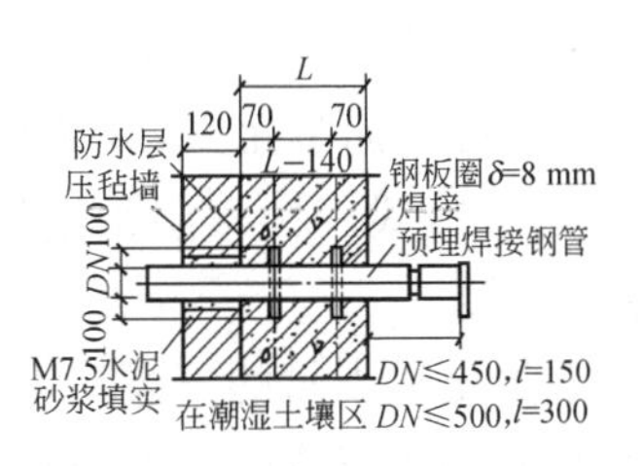

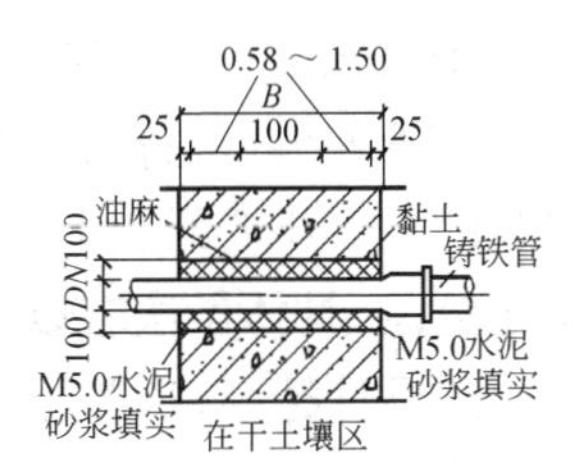

图 2-30　引入管穿地下室墙壁做法(单位:mm)

(2)室内给水管道的安装。

室内给水管道的敷设,根据建筑物的要求,一般可分为明装和暗装两种形式。

①干管安装。明装管道的干管安装,沿墙敷设时,管外皮与墙面净距一般为 30～50mm,用角钢或管卡将其固定在墙上,不得有松动现象。

当管道敷设在顶棚里,冬季温度低于 0℃时,应考虑保温防冻措施。给水横管宜有 2‰～3‰的坡度坡向泄水装置。

给水管道不宜穿过建筑物的伸缩缝、沉降缝,当管道必须穿过时需采取必要的技术措施,如安装伸缩节、安装橡胶软管、利用螺纹弯头短管等,见图 2-31 和图 2-32。

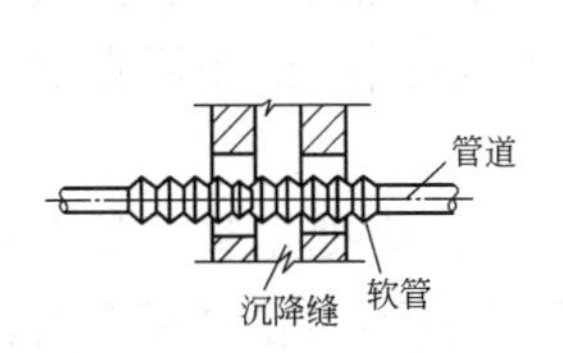

图 2-31　橡胶软管法

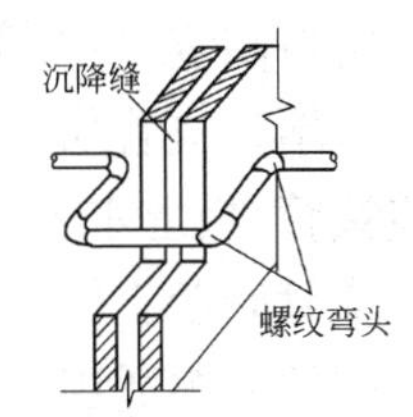

图 2-32　螺纹弯头法

②立管安装。立管一般沿墙、梁、柱或墙角敷设。立管的外皮到墙面净距离,当管径不大于 32mm 时,应为25～35mm;当

管径大于 32mm 时，应为30～50mm。

在立管安装前，打通各楼层孔洞，自上而下吊线，并弹出立管安装的垂直中心线，作为安装中的基准线。按楼层预制好立管单元管段，具体做法有以下几点。

a. 按设计标高，自各层地面向上量出横支管的安装高度，在立管垂直中心线上划出十字线，用尺丈量各横支管三通(顶层弯头)的距离，用比量法下料，编号存放以备安装使用。

b. 每安装一层立管，均应使管子位于立管安装垂直线上，并用立管卡子固定。立管卡子的安装高度一般为1.5～1.8m。

c. 校核预留口的高度、方向是否正确，支管甩口安好临时丝堵。

d. 给水立管与排水立管并行时，应置于排水立管的外侧。与热水立管并行时，应置于热水立管的右侧。

e. 立管上阀门安装朝向应便于操作和检修。立管穿楼层板时，宜加套管，并配合土建堵好预留洞。

③支管安装。支管一般沿墙敷设，用钩钉或角钢管卡固定。

a. 支管明装。将预制好的支管从立管甩口依次逐段进行安装，有阀门的应将阀门盖卸下再安装。核定不同卫生器具的冷热水预留口高度、位置是否准确，再找坡找正后栽支管卡件，上好临时丝堵。支管如装有水表先装上连接管，试压后在交工前拆下连接管，换上水表。

b. 支管暗装。横支管暗装墙槽中时，应把立管上的三通口向墙外拧偏一个适当角度，当横支管装好后，再推动横支管使立管三通转回原位，横支管即可进入管槽中。找平找正定位后固定。

给水支管的安装一般先做到卫生器具的进水阀处，以下管段待卫生器具安装后进行连接。

c. 热水支管安装。热水支管穿墙处按要求加套管。热水支管做在冷水支管的上方，支管预留口位置应为左热右冷。其余安装方法与冷水支管相同。

(3)水表的安装。

水表是用户用水的计量工具，安装在给水管道上，并且一定要选购国家认定的合格厂家生产制造的水表，以保证使用安全，计量准确。水表设置在用水单位的供水总管、建筑物引入管或居住房屋内。

给水管道中常用的水表有旋翼式和螺翼式两种。旋翼式的翼轮转轴与水流方向垂直，叶片呈水平状；螺翼式的翼轮转轴与水流方向平行，叶片呈螺旋状。旋翼式水表又可分为干式和湿式两种形式。干式水表的传动机构和表盘与水隔开，构造较复杂；湿式水表的传动机构和表盘直接浸在水中，表盘上的厚玻璃要承受水压，水表机件简单。一般情况下，公称直径不大于 50mm 时，应采用旋翼式水表；公称直径大于 50mm 时，采用螺翼式水表。在干式和湿式水表中应优先选用湿式水表。

水表安装时，应满足下列要求：

①应便于查看、维修，不易污染和损坏，不可暴晒，不可冰冻。

②安装时应使水流方向与外壳标志的箭头方向一致，不可装反。

③对于不允许断水的建筑物，水表后应设止回阀，并设旁通管，旁通管的阀门上要加铅封，不得随意开闭，只有在水表修理或更换时才可开启旁通阀。

④为保证水表计量准确，螺翼式水表前直管长度应有8～10倍水表直径，旋翼型水表前应有不小于 300mm 的直线管段。水

表后应设有泄水龙头，以便维修时放空管网中的存水。

⑤水表前后均应设置阀门，并注意方向性，不得将水表直接放在水表井底的垫层上，而应用红砖或混凝土预制块把水表垫起来，见图 2-33。

⑥对于明装在建筑物内的分户水表，表外壳距墙表面不得大于 30mm，水表的后面可以不设阀门和泄水装置，而只在水表前装设一个阀门。为便于维修和更换水表，需在水表前后安装补心或活接头，见图 2-34。

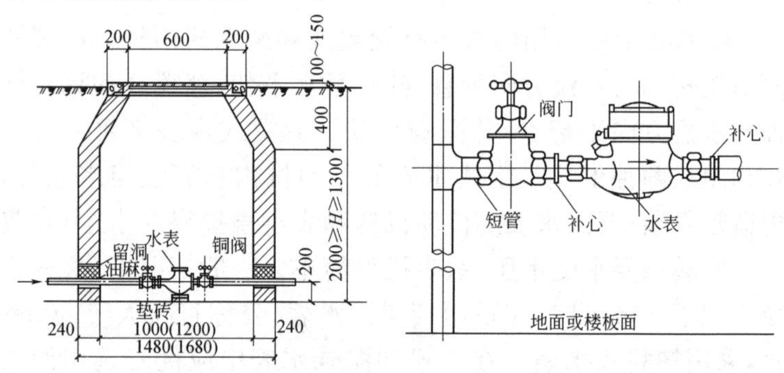

图 2-33　水表节点安装图　　图 2-34　室内水表安装图(单位:mm)

2. 无规共聚聚丙烯管(PP-R 管)管道安装

(1)支、吊架安装。

①管道安装时必须按不同管径和要求设置管卡和支、吊架，位置应准确，埋设要平整，管卡与管道接触应紧密，但不得损伤管道表面。

②采用金属管卡和支、吊架时，金属管卡与管道之间应采用塑料带或橡胶等软物隔垫。在金属管配件与给水聚丙烯管连接部位，管卡应设在金属配件一端。

③立管和横管支吊架的间距符合规范的规定。

(2)PP-R管管道安装。

①管道嵌墙暗敷时,宜配合土建预留凹槽,其尺寸设计无规定时,嵌墙暗管墙槽尺寸的深度为 d_n +20mm,宽度为 d_n +(40~60)mm。凹槽表面必须平整,不得有尖角等突出物,管道试压合格后,墙槽用M7.5级水泥砂浆填补密实。

②管道暗敷在地坪面层内,应按设计图纸位置进行。如现场施工有更改,应有图示记录。

③管道安装时,不得有轴向扭曲,穿墙或楼板时,不宜强制校正。给水管与其他金属管道平行敷设时应有一定的保护距离,净距离不宜小于100mm,且宜在金属管道的内侧。

④室内明装管道宜在土建装修完毕后进行,安装前应配合土建正确预留孔洞或预埋套管。

⑤管道穿越楼板时,应设置钢套管,套管高出地面50mm,并有防水措施。管道穿越屋面时,应采取严格的防水措施,穿越前端应设固定支架。

⑥热水管道穿墙壁时,应配合土建设置钢套管,冷水管穿墙时,可预留洞,洞口尺寸较外径大于50mm。

⑦直埋在地坪面层以及墙体内的管道,应在隐蔽前做好试压和隐蔽工程的检查记录工作。

⑧室内地坪±0.000以下管道铺设宜分两阶段进行。先进行地坪±0.000以下至基础墙外壁段的铺设;待土建施工结束后,再进行户外连接管道的铺设。

⑨室内地坪以下管道铺设应在土建工程回填土夯实以后,重新开挖进行,严禁在回填土之前或未经夯实的土层中铺设。

⑩铺设管道的沟底应平整,不得有突出的尖硬物体,土的颗粒径不宜大于12mm,必要时可铺100mm厚的砂垫层。

⑪埋地管道回填时,管周回填土不得夹杂尖硬物直接与管

壁接触，应先用砂土或颗粒径不大于 12mm 的土回填至管顶上侧 300mm 处，经夯实后方可回填原土，室内埋地管道的埋置深度不宜小于 300mm。

⑫管道出地坪处应设置护管，其高度应高出地坪 100mm。

⑬管道在穿基础墙时，应设置金属套管，套管与基础墙预留孔上方的净空高度，若设计无规定时，不应小于 100mm。

⑭管道在穿越街坊道路或覆土厚度小于 700mm 时，应采取严格的保护措施。

3. 交联聚乙烯管(PEX 管)管道安装

(1)一般要求。

①管道安装工程在施工前应具备以下条件。

a. 设计施工图纸及其他技术文件齐备，已经会审。

b. 已确定施工方案，且已经过技术交底，了解敷设方式。

c. 管道材料、管件和专用管件夹紧工具等已具备，且能保证正常施工。

②管道安装前，施工人员应了解建筑物结构形式、吊顶高度、管井内管道数量，确定管位，且应掌握管件连接技术及其他基本操作要点。

③管道在安装前，应对材料外观质量和管件的配合公差进行仔细检查，受污染的管材、管件内外污垢应彻底清理干净。施工过程中禁止污物污染管材管件。

④管材表面注明的商标、规格、耐温和耐压等级、出厂日期等标记应面向外侧的显目位置。

⑤$DN \leqslant 25$mm 小口径管道安装时应利用管道弯曲性能，尽量不设或少设管道连接件，管道不设连接件的最小弯曲半径为 $8DN$。

⑥管道穿越楼板、屋面混凝土、墙板及水池水箱池壁，应按设计要求配合土建预留孔洞、预埋套管或管件。预留孔径宜大于管外径70mm，预埋套管的内径不宜大于管外径50mm。

⑦管道穿越屋面、楼板部位，应做好严格防渗漏措施，并按下列规定施工。

a.穿越部位管段中间应加铜箍件或其他紧固件。

b.立管安装结束，经检查无误后在板底支模，用C15细石混凝土或M15膨胀水泥砂浆二次嵌缝，第一次为楼板厚度的2/3，待达到50%强度后进行二次嵌缝到结构层面。

c.板面面层施工结束，在管道周围应采用M10水泥砂浆砌筑高度不小于20mm、宽度不小于25mm的阻水圈，或在管道及土建施工时加设硬聚氯乙烯套管，套管应嵌在板面整浇层或找平层内，但不得贯穿楼板孔，套管应高于最终完成面50mm。

d.穿越混凝土板墙应预埋钢制套管，穿越水池水箱池壁应预埋耐腐蚀金属材料套管或管件，管道安装结束，在穿越部位的中部，宜采用防水胶泥嵌实，宽度不小于50mm，待固化后两侧应用M15水泥砂浆嵌实，表面筑平。

⑧嵌墙敷设管道，在确定部位应配合土建预留或开凿管槽，槽壁与管外壁间距不应小于10mm，槽深不得小于管道外壁与墙面间距15mm，槽口应整齐顺通，弯曲管段管槽应随管道转弯，起转弯半径不小于*DN*8。

⑨敷设在吊顶内的横管，管壁距楼板底及吊顶构造面不宜小于50mm，横支管与立管或横干管连接的引出部位宜有长度为200～300mm的悬臂管段。

⑩冷水、热水管道的立管及横管支撑间距应符合表2-2的规定。

表 2-2 冷热水管道立管及横管支撑间距 (单位:mm)

管径 DN		20	25	32	40	50	63
立管		800	900	1000	1300	1600	1800
横管	冷水管	600	700	800	1000	1200	1400
	热水管	300	350	400	500	600	700

⑪管道支撑和支撑件应符合以下几点规定。

a. 明敷直线管段固定支撑距离,冷水管不宜大于6.0m,热水管不宜大于3.0m,根据现场情况可设置伸缩节。固定支撑件应采用钢制件,应设在管件、管道附件附近。管道系统分流处在干管部位应设固定支承。

b. 明敷的冷水、热水直线管道,当采用伸缩节时,伸缩节宜设置在两固定支撑点中间,伸缩节公称压力不得小于管道的公称压力。若全部支撑点均为固定支撑时,系统可不设伸缩节。

c. 卡箍、卡件与管道紧固部位不得损伤管壁。

d. 管道穿越墙体为活动支承点,在管道与套管或孔洞的空隙部位应采用软性填料填实。

⑫管道配水点,应采用耐腐蚀金属材料制作的内螺纹配件,且应与墙体固定牢固。

⑬管道安装结束,管口部位应采用管堵进行封堵,封堵耐压性能应满足管道试压要求。

⑭室外冷水管道隔热保温,宜按下列程序进行。

a. 基体材料宜采用单面开口的高发泡聚乙烯管,保温管按管道口径配置,厚度不宜小于 15mm。

b. 保温材料包覆后,屋面冷水管宜外缠两道宽度为100～120mm、厚度为0.22mm的黑色聚氯乙烯薄膜。

c. 保护层外表用 1mm 浸塑钢丝扎紧,间距为 0.4～0.5m。

⑮明敷管道在有可能受阳光直射时，应采取避光措施。管道不得用作拉攀、吊件使用。

⑯管道系统附件、水表、阀门等宜有支撑措施，附件重量或启闭阀门的扭矩不应作用于管路系统。

⑰管道在运输储存中应避免阳光晒，并不得与易燃的危险品储存在同一库房中。

(2)交联聚乙烯(PEX)管管道连接。

①管道应采用企业配套的铜制管件、紧固环及施工紧固工具进行施工，$DN \leqslant 25$mm 时，管道与管件连接宜采用卡箍式连接；$DN \geqslant 32$mm 时，宜采用卡套式或卡压式连接。

②卡箍式和卡套式连接橡胶密封圈材质，应符合卫生要求，且应采用耐热的三元乙丙橡胶或硅橡胶材料。

③卡箍式管件连接程序。

a. 按设计要求设计的管径和确定的管道长度，用专用剪刀或细齿锯进行断料，管口应平整，端面应垂直管轴线。

b. 选择与管道相应口径的紫铜紧箍环套入管道，将管口用力压入管件的插口，直至管件插口根部。

c. 将紧箍环推向已插入管件的管口方向，使环的端口距管件承口根部2.5～3mm 为止，用相应管径的专用夹紧钳夹紧铜环直至钳的头部两翼合拢为止。

d. 用专用定径卡板检查紧箍环周边，以不受阻为合格。

④卡套式管件连接程序。

a. 按规定下料，管内口宜用专用刮刀进行坡口，坡度为20°～30°，深度 1～1.5mm，坡口结束后再用清洁布将残屑揩擦干净。

b. 卡套螺帽和 C 形锁紧环套入管口。

c. 管口一次用力推入管件插口至根部。管道推入时注意橡胶圈位置，不得将其延位或顶歪，如发生顶歪情况应修正管口的坡口，放正胶圈后，重新推入。

d. 将 C 形锁环推到管口位置，旋紧锁紧螺帽。

⑤管道与其他管道附件、阀门等连接，应采用专用的外螺纹卡箍式或卡套式连接件。

(3)交联聚乙烯(PEX 管)管道安装。

①土建结构施工结束，管道安装进场时间应根据管道安装部位、敷设方法及土建配合情况确定。

②热水管道应与冷水管道平行敷设，水平排列时热水管宜在外侧；上下排列时应在冷水管上方。

③埋地管道敷设应符合以下几点规定：

a. 埋地进户管应分室内和室外两阶段进行，先安装室内，伸出墙外 200～300mm，待土建室外施工时再进行室外管道安装与连接。

b. 进户管在室外部分根据建筑物沉降量情况，采取水平折弯进户。

c. 室外管道管顶覆土深度不应小于 300mm，穿越道路部位不应小于 600mm。

d. 管道在室内穿出地坪处应有长度不小于 100mm 的护套管，其根部应窝嵌在地坪找平层内。

e. 管道若敷设在经夯实的填土层内，宜在填土层夯实后按管道埋设深度进行开挖，但不得超深开挖。在敷设和回填时，接触面表面部位不得有粒径大于 10mm 的尖硬石块。

④嵌墙管道安装要求：

a. 管道应沿墙水平或垂直敷设。

b. 管槽断面尺寸应符合规定要求，管槽应顺通，冷热水槽中心距应按选用的水暖零件尺寸确定。

c. 按冷热水管配水点间距及标高进行布置，管道在槽内宜设管卡，间距1.0～1.2m，且不应有无规则弯曲或受卡。

d. 管道嵌装施工结束，应进行二次试压，二次试压合格后方可进行土建粉刷或饰面施工。

e. 管道经二次试压合格后，应先将系统端部配水口的金属管件固定，其表面与建筑墙面或饰面相平。在复核标高和冷水、热水间距后，应用 M10 水泥砂浆窝嵌牢固，管口用金属管堵进行堵口。

f. 土建嵌槽应采用 M10 水泥砂浆，宜分两次进行，第一次窝嵌应超过管中心。待初硬后，第二次再嵌到与墙面相平，土建窝嵌时砂浆应密实饱满，且不得使管道移位或走动。

⑤暗设管道安装。

a. 管道应按施工图进行定位，先确定固定支撑点位置，再按表 2-2 确定支撑点位置，支撑点位置确定后进行支撑件施工。

b. 合理选择因温差变化而产生管道伸缩的补偿措施。

c. 管道试压结束，对热水管道应按设计规定进行保温。

⑥分水器和管道系统应符合下列几点要求。

a. 分水器应设置分水器盒或分水器壁龛，安装位置应按设计规定，其大小尺寸应满足管道接口及阀门安装要求。

b. 采用硬聚氯乙烯波纹护套管进行护套，护套管口径宜按表2-3进行配置。

表 2-3　护套管选用　(单位:mm)

管径 *DN*	20	25
护套管最大管外径	32	40

c. 护套管在土建施工时，应密切配合直接敷设或埋设，最小转弯半径不应小于其管道外径的 *DN*8，弯管两端和直线管段每

隔 1.0～1.2m间距应设管卡，护套管表面混凝土保护层不宜小于 10mm。

d. 管道在护套管内不得设有连接管件。

4. 给水铝塑复合管管道安装

(1)管道预制加工。

①按设计图纸要求画出管道分路、管径、变径、预留管口、阀门位置等施工草图。在实际安装的结构位置做标记，按标记分段量出实际安装的准确尺寸，记录在施工草图上，然后按草图测得的尺寸进行管段预制加工。

②管道调直和切断。

a. 管径不大于 20mm 的铝塑复合管可直接用手调直；管径不小于 25mm 的铝塑复合管调直一般在较为平整的地面上进行，用脚踩住管子，滚动管子盘卷向前延伸，压直管子，再用手调直。

b. 切断管道应使用专用管剪或管子割刀。

③管道的弯曲。管道公称外径不大于 32mm 的管道，转弯时应尽量利用管道自身直接弯曲。直接弯曲的弯曲半径，以管轴心计不得小于管道外径的 5 倍。管道弯曲时应使用专用的弯曲工具(管外径不大于 25mm 的管道可采用在管内放置专用弹簧，用手加力弯曲；管外径为 32mm 的管道可采用专用弯管器弯曲)，并应一次弯曲成型，不得多次弯曲。

④管道连接。铝塑复合管的连接方式宜采用卡套式连接。其连接件是由具有阳螺纹和倒牙管芯的主体、金属紧箍环和锁紧螺母组成。管芯插入管道后，拧动锁紧螺母，将预先套在管道外的金属紧箍环束紧，使管内壁与管芯密封，起到连接作用。

(2)给水干管埋地安装。

室内给水管道的安装顺序一般为先地下后地上、先大管后小管、先立管后支管。给水干管通常指水平干管,分地下干管和地上干管两种。根据管道的敷设安装方式不同,干管安装可分为埋地干管安装和架空干管安装。

埋地干管安装。

①给水埋地干管的敷设安装,一般从给水引入管(又称进户管)穿基础墙处开始,先铺设地下室内部分,待土建施工结束后,再进行室外连接管的安装。

②开挖沟槽前,应根据设计图纸规定的管道位置、标高和土建给出的建筑轴线及标高线,确定埋地干管的准确位置和标高。

③埋地管道铺设,应在未经扰动的原土或在土建回填土夯实后重新开挖,严禁在回填土之前或未经夯实的土层中铺设。

④埋地干管铺设前,应对按照施工草图预制加工的管段进行通视检查,并将管道内外的污物清除干净。

⑤铝塑复合管埋地敷设安装应注意以下几个问题。

a. 埋地进户管(引入管)穿外墙处,应预留孔洞,孔洞高度一般为管顶以上的净高不宜小于 100mm。公称外径不小于 40mm 的进户管道,应采用水平折弯后进户。

b. 埋地管道开挖的沟槽应平整,且不得有尖硬凸出物,必要时可铺 100mm 的砂垫层。沟槽回填前,应检查埋地干管与立管接口位置、方向是否正确,确认无误后方可进行回填土施工。

c. 埋地管道回填时,管周围 100mm 以内回填土不得含有粒径大于 10mm 的尖硬石(砖)块。回填土应分层夯实,且不得损伤管道。室内埋地管道的埋设深度不宜小于 300mm。

d. 埋地干管的敷设安装,应有 2‰～5‰的坡度坡向室外泄水装置,以便于管道检修时排除管内存水。

e. 埋地铝塑复合管的管件，应做外防腐处理。防腐的做法：当设计无具体要求时可刷环氧树脂类油漆或按热沥青三油两布做法处理。

f. 给水引入管与排水排出管的水平净距不得小于 1m。室内埋地给水干管与排水管道平行敷设时，两管间最小水平间净距不得小于 500mm；交叉敷设时，垂直净距为 150mm，且给水管应铺设在排水管的上方。若给水管必须敷设在排水管的下面时，给水管应加套管，其长度不得小于排水管径的 3 倍。

g. 埋地管道在室内穿出地坪处，应在管外套上长度不小于 100mm 的金属套管，套管根部应插入地坪内30～50mm。

h. 埋地干管敷设安装完毕，应按设计要求或按施工质量验收规范的有关规定进行水压试验，试压合格并经隐蔽工程验收后，方可进行覆土回填。

(3)给水干管架空安装。

架空干管有两种：一种是敷设在地坪(±0.000)以下的架空干管，是从给水引入管(进户管)穿过地下室外墙处进入室内的水平干管；另一种是敷设在地坪(±0.000)以上的架空干管，通常是指敷设在高层建筑顶层或其他楼层内的水平干管。这两种架空干管的安装方法和要求是相同的，管道是明装还是暗装，应由设计施工图确定。

①架空干管的安装，首先应根据施工草图确定的干管位置、标高、管径、坡度、管段长度、阀门位置等和土建给出的建筑轴线、标高控制线，准确地确定管道支架的安装位置(预埋支架铁件的除外)，在应栽支架的部位画出大于孔径的十字线，然后打洞栽埋支架或采用膨胀螺栓固定管支架。

②干管安装前，应先复核引入管穿过地下室外墙处的预埋防水套管和地上干管穿墙、梁等处的预埋套管或预留洞是否预

埋、预留，位置是否正确，确认无误后方可进行管道安装。

③干管安装，把预制完的管段运到安装现场，按编号依次排开，并在地面进行检查，若有歪斜扭曲，则应进行调直。上管时，应将管道放置在支架上，随即用预先准备好的管卡将管子暂时固定。与此同时，还应核查各分支口的位置方向，同时将各分支口堵好，防止泥砂进入管内，最后将管道固定牢。

④架空干管安装注意事项有以下几点。

a. 对于使用功能比较齐全的多层建筑或高层建筑，给水系统的架空干管位于该建筑内的设备层和管道层（又称技术层）内，往往是各种管道纵横交叉而又最集中的地方。因此，管道安装前，必须和采暖、通风、电气等专业安装单位一起认真对照设计图纸，及时研究可能出现的各种管道交叉碰撞问题。施工安装过程中，必须密切配合，涉及设计存在的问题，应由设计单位变更设计；属于一般性的矛盾，施工单位本着小管让大管、有压管道让无压管道、低压管道让高压管道等避让原则解决，并经设计单位认可。

b. 暗敷在吊顶内的管道，管道表面（有防结露保温的按绝热层表面计）与周围墙、板面的净距一般不小于50mm。

c. 管道安装完毕，应对预埋防水套管与管道之间的环形缝隙进行嵌缝。先在套管中部塞3圈以上油麻，再用M10膨胀水泥砂浆嵌缝至平套管口。

管道穿过无防水要求的墙、梁、板的做法应符合两点：一是靠近穿越孔洞的一端应设固定支承将管道固定；二是管道与套管或孔洞之间的环形缝隙应用M7.5水泥砂浆填实。

d. 管道上连接的各种阀门，应固定牢靠，不应将阀门自重和操作力矩传给管道。

e. 管道外径不小于40mm的是直线形管材，有一定的刚度，敷设安装时应有 2‰～5‰的坡度坡向泄水装置。

f. 敷设在吊顶内的干管，安装完毕应做水压试验，试压合格并经隐蔽验收后方可封闭。

⑤管道支撑和支撑件应符合下列规定。

a. 无伸缩补偿装置的直线管段，固定支撑件的最大间距：冷水管不宜大于 6.0m，热水管不宜大于 3.0m，且应设置在管道配件附近。

b. 采用管道伸缩补偿器的直线管段，固定支撑件的间距应经设计决定，管道伸缩补偿器应设在两个固定支撑件的中间部位。

c. 采用管道折角进行伸缩补偿时，悬臂长度不应大于 3.0m，自由臂长度不应小于 300mm。

d. 固定支撑件的管卡与管道表面应为面接触，管卡的宽度宜为管道外径的 1/2，收紧管卡时不得损坏管壁。

e. 滑动支撑件的管卡不应采用月牙形状的管卡，防止当管道压力波动时发生管道弹出管卡现象。

f. 根据《建筑给水排水及采暖工程施工质量验收规范》(GB50242—2002)的规定，管道的最大支撑间距应符合表 2-4 的规定。

表 2-4 塑料管及复合管管道支架的最大间距

管径/mm	最大间距/m		
	立管	水平管	
		冷水管	热水管
12	0.5	0.4	0.2
14	0.6	0.4	0.2
16	0.7	0.5	0.25

续表

管径/mm	最大间距/m		
	立管	水平管	
		冷水管	热水管
18	0.8	0.5	0.3
20	0.9	0.6	0.3
25	1.0	0.7	0.35
32	1.1	0.8	0.4
40	1.3	0.9	0.5
50	1.6	1.0	0.6
63	1.8	1.1	0.7
75	2.0	1.2	0.8
90	2.2	1.35	—
110	2.4	1.55	—

(4)立管安装。

①立管安装首先应根据设计图纸要求或给水配件和卫生器具的种类确定横支管的高度，在土建墙面上画出横线。

②用线坠吊在立管的中心位置上，在墙上画出垂直线，并根据立管卡的高度在垂直线上确定出立管卡的位置并画好横线，然后再根据其交叉点打洞栽卡。

③铝塑复合管的立管卡应采用管材生产企业配套的产品。

④立管卡的安装，当楼层高度不大于5m时，每层须设1个；当楼层高度大于5m时，每层不少于2个；管卡的安装高度，应距地1.5～1.8m；2个以上管卡应均匀安装，同一房间管卡应安装在同一高度上。

⑤管卡栽好后，再根据干管和横支管划线，测出各立管的实

际尺寸，在施工草图上进行编号记录，在地面上进行预制和组装，经检查和调直后可进行安装。

⑥立管安装按顺序由下往上，层层连接，一般应两人配合，一人在下端托管，一人在上端安装。

⑦立管安装前，应先清除立管甩头处阀门或连接件的临时封堵物、污物和泥砂等，然后经检查管件的朝向准确无误后即可固定立管。

⑧立管安装应注意下列几个问题：

a. 铝塑复合管明设部位应远离热源，无遮挡或隔热措施的立管与炉灶的距离不得小于 400mm，距燃气热水器的距离不得小于 0.2m，不能满足此要求时应采取隔热措施。

b. 铝塑管穿越楼板、屋面、墙体等部位，应按设计要求配合土建预留孔洞或预埋套管，孔洞或套管的内径宜比管道公称外径大 30～40mm。

c. 铝塑复合管穿越屋面、楼板部位，应采取防渗措施，可按下列规定施工：

贴近屋面或楼板的底部，应设置固定支撑件。

预留孔或套管与管道之间的环形缝隙，用 C15 细石混凝土或 M15 膨胀水泥砂浆分两次嵌缝，第一次嵌缝至板厚的 2/3 高度，待达到 50%强度后进行第二次嵌缝至板面平，并用 M10 水泥砂浆抹高、宽不小于 25mm 的三角灰。

d. 布置在管井中的立管，应在立管上引出支管的三通配件处设固定支撑点。

e. 冷、热水管的立管平行安装时，热水管应在冷水管的左侧。

f. 给水立管的始端应安装可拆卸的连接件（活接头），以方便以后维修。

g. 铝塑复合管可塑性好，易弯曲变形，因此安装立管时，应及时将立管卡牢，以防止立管位移，或因受外力作用而产生弯曲及变形。

h. 敷设在管道井内的管道，管道表面（有防结露保温时按保温层表面计）与周围墙面的净距不宜小于50mm。

i. 暗装的给水立管，在隐蔽前应做水压试验，合格后方可隐蔽。

(5)支管安装。

①支管明装。将预制好的支管从立管甩口处依次逐段进行安装，有阀门时应将手轮卸下再安装。根据管段长度加上临时固定卡，并核定不同卫生器具的预留口的高度、位置是否正确，找平找正后栽牢支管卡件，去掉临时固定卡。如支管装有水表，应先装上连接管，试压后交工前拆下连接管，安装水表。

②支管暗装。铝塑复合管的支管暗装方式通常有两种，一种是支管嵌墙敷设，另一种是支管在楼(地)面的找平层内敷设。嵌墙敷设和在楼(地)面的找平层内敷设的管道，其管外径一般不大于25mm，敷设的管道应采用整条管道，中途不应设三通接出支管，阀门应设在管道的端部。

a. 管道嵌墙敷设。

嵌墙敷设的管槽，宜配合土建施工时预留（对于砖墙或轻质隔墙可直接开出管槽），管槽的底和壁应平整无凸出的尖锐物。管槽尺寸设计无规定时，管槽宽度宜比管道外径大40～50mm，管槽深度比管道外径大20～25mm。

铺放管后，应用管卡（或鞍形卡片）将管固定牢固，并经水压试验合格后方可封填管槽。

管槽的填塞应采用M7.5水泥砂浆。冷水管管槽的填塞宜分两层进行：第一层填塞至3/4管高，砂浆初凝时应将管道略作左右摇动，使管壁与砂浆之间形成缝隙，随后应进行第二层填塞，填满管槽与墙面抹平，砂浆必须密实饱满。

b. 管道在楼(地)面找平层内敷设。

管道在楼(地)面找平层内敷设，管槽预留尺寸(宽度和深度)、管道铺放与固定、管槽填塞步骤和操作要求等均与管道的嵌墙敷设相同。

住宅内敷设在楼(地)面找平层内的管道，在走道、厅部位宜沿墙脚敷设；在厨、卫间内宜设分水器，并使各分支管以最短距离到达各配水点。从分水器接出的支管每一条对应一个卫生器具，这样从分水器至配水件之间的管道不需用三通再接支管，使管道的连接口设在管段两端，从而使接口可明露，便于检查维修，也可降低造价。分水器的安装应尽量使管道通顺，减少弯曲。当分水器的分支管嵌墙敷设时，分水器宜垂直安装；当分支管在楼(地)面找平层内敷设时，分水器宜水平安装。管道与分水器的连接口应方便检修。

③支管安装应注意的问题。

a. 从给水立管接出装有 3 个或 3 个以上配水点的支管始端，应安装可拆卸的连接件。冷、热水管上下平行安装时，热水管应在冷水管的上方，支管预留口位置应左热右冷；冷、热水管垂直平行安装时，热水管应在冷水管的左侧。

b. 明装给水支管应远离热源，立支管距灶边的净距不得小于0.4m，距燃气热水器的距离不得小于 0.2m，不能满足要求时应采取隔热措施。

c. 嵌墙敷设和在楼(地)面找平层内敷设的给水支管，隐蔽前应进行水压试验，试压合格后方可隐蔽。

d. 厨房、卫生间是各种管道集中的地方，管道安装时各专业工种应协同配合，合理安排施工顺序，细心操作，避免打钉、钻孔时损伤管道和损坏土建防水层。

e. 嵌墙敷设和在楼(地)面找平层内敷设的给水支管安装完毕，宜在墙面和地面管道所在位置画线显示，防止住户二次装修时损坏管道。

5. 给水管道防冻、防结露和保温措施

(1)管道应采取防冻、防结露措施的场所或部位。

①敷设在冬季不采暖建筑物内的给水管道，以及安设在受室外空气影响的门厅、过道等处的管道，在冬季有可能结冻时，应采取防结冻保温措施。保温材料选用及做法应符合设计要求，宜采用管外壁缠包岩棉管壳、玻璃纤维管壳、聚乙烯泡沫管壳等材料。

②在采暖的卫生间及工作室温度较室外气温高的房间，如厨房、洗涤间等，当空气湿度较高的季节或管道内水温较室温低的时候，管道外壁可能产生凝结水，影响使用和室内卫生，必须采取防潮隔热措施；给水管道在吊顶内、楼板下和管井内等不允许管表面结露而滴水的部位，也应采取防潮隔热措施。防潮隔热层材料选用及做法应符合设计要求，一般宜采用管外壁缠包15mm厚岩棉毡带，外缠塑料布，接缝处用胶黏紧，或采用管外壁缠包聚氨酯泡沫塑料管壳20mm厚，外缠塑料布。

③根据设计要求的其他场所或部位。

(2)管道保温、防潮和隔热施工要点。

①管道防冻保温及防潮隔热施工应在防腐、水压试验合格后进行。如需先保温或预先做保温层，应将管道连接处环缝留出，待水压试验合格后再将连接处进行保温。

②保温防潮层施工前，必须对所用材料检查其合格证或化验、试验记录，以保证保温材料品种、规格、性能等均符合设计要

求和有关规定。

③保温层施工时，在阀门、法兰及其他可拆卸部件的周围，应留出孔隙，其大小以能拆卸螺栓为准。保温层断面应做成45°角，并封闭严密。支、托架两侧应留间隙，以保证管道正常滑动。

④保温结构层间黏贴应紧密、平整、压缝，圆弧均匀，伸缩缝布置合理，不应有环形断裂现象。采用成型预制块和缠裹材料时，接缝应错开，嵌缝要饱满。

⑤防潮层应紧贴于保温层上，不允许出现局部脱落或鼓包现象。

(3)管道保温层的厚度和平整度。

管道保温层的厚度和平整度的允许偏差应符合表2-5的规定。

表2-5　管道及设备保温的允许偏差和检验方法

项次	项目		允许偏差/mm	检验方法
1	厚度		+0.1δ -0.05δ	用钢针刺入
2	表面平整度	卷材	5	用2m靠尺和楔形塞尺检查
		涂抹	10	

注：δ为保温层厚度。

六、室内排水系统安装

1. 室内排水系统安装

室内污水管道一般采用铸铁排水管或硬聚氯乙烯(PVC-U)塑料排水管。

(1)排出管安装。

为便于施工，可对部分排水管材及管件预先捻口，养护后运至施工现场。在房中或挖好的管沟中，将预制好的管道承口作为进水方向，按照施工图所注标高，找好坡度及各预留口的方向和中心，捻好固定口。待铺设好后，灌水检查各接口有无渗漏现象。经检查合格后，临时封堵各预留管口，以免杂物落入，并通知土建填堵孔洞，按规定回填土。

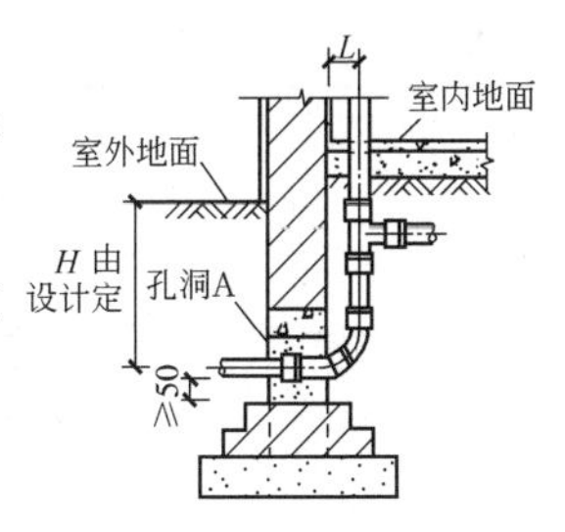

图 2-35　排水管穿墙基础图(单位:mm)

管道穿过房屋基础或地下室墙壁时应预留孔洞，并应做好防水处理，见图 2-35。预留孔洞尺寸，见表 2-6。

表 2-6　　排水管穿基础预留孔洞尺寸　(单位:mm)

管径	50～100	125～150	200～250
孔洞 A 尺寸	300×300	400×400	500×500
孔洞 A 穿砖墙	240×240	360×360	490×490

为了减小管道的局部阻力和防止污物堵塞管道，通向室外的排出管，穿过墙壁或基础必须下返时，应用两个 45°弯头连接，见图2-35。排水管道的横管与横管、横管与立管的连接，应采用45°三通或 45°四通和 90°斜三通或 90°斜四通。

排出管应与室外排水管道管顶标高相平齐，并且在连接处的排出管的水流转角不应小于 90°。

排出管与室外排水管道连接处应设检查井，检查井中心至建筑物外墙的距离不宜小于 3m，也可设在管井中。

生活污水和地下埋设的雨水排水管的坡度应符合表2-7和表2-8的规定。

表 2-7 生活污水管道坡度

管径/mm	标准坡度	最小坡度
50	0.035(0.025)	0.025(0.012)
75	0.025(0.015)	0.015(0.008)
100(110)	0.020(0.012)	0.012(0.006)
125	0.015(0.010)	0.010(0.005)
150(160)	0.010(0.007)	0.007(0.004)
200	0.008	0.005

注:括号内为塑料管。

表 2-8 地下埋设雨水排水管道坡度

管径/mm	最小坡度	管径/mm	最小坡度
50	0.020	125	0.006
75	0.015	150	0.005
100	0.008	200～400	0.004

(2)排水立管安装。

排水立管通常沿卫生间墙角敷设安装。

立管安装时,应两人上下配合,一人在上层楼板上用绳拉,下面一人托,把管子移到对准下层承口将立管插入,下层的工人要把甩口(三通口)的方向找正,随后吊直,这时,上层的工人用木楔将管临时卡牢,然后捻口,堵好立管洞口。

现场施工时,可先预制,也可将管材、管件运至各层进行现制。

(3)排水支管的安装。

安装排水支管时,应根据各卫生器具位置排料、断管、捻口养护,然后将预制好的支管运到各层。安装时需两人将管托起,插入立管甩口(三通口)内,用钢丝临时吊牢,找好坡度、找平,即可打麻捻口，配装吊架，其吊架间距不得大于2m。然后安装存水弯，找平找正，并按地面甩口高度量卫生器具短管尺寸，配管捻口、找平找正，再安卫生器具，但要临时堵好预留口，以免杂物落入。

(4)通气管安装。

通气管应高出屋面0.3m以上，并且应大于最大积雪厚度，以防止雪掩盖通气管口。对于平屋顶，若经常有人逗留，则通气管应高出屋面2.0m。通气管上应做铁丝球(网罩)或透气帽，以防杂物落入。

通气管的施工应与屋面工程配合好，一般做法，见图2-36。通气管安装好后，把屋面和管道接触处的防水处理好。

(5)清通装置设置。

排水立管上设置的检查口，见图2-37。检查口中心距地面一般为1m，并应高出该层卫生器具上边缘150mm。检查口安装的朝向应以清通时操作方便为准，暗装立管，检查口处应安装检修门。

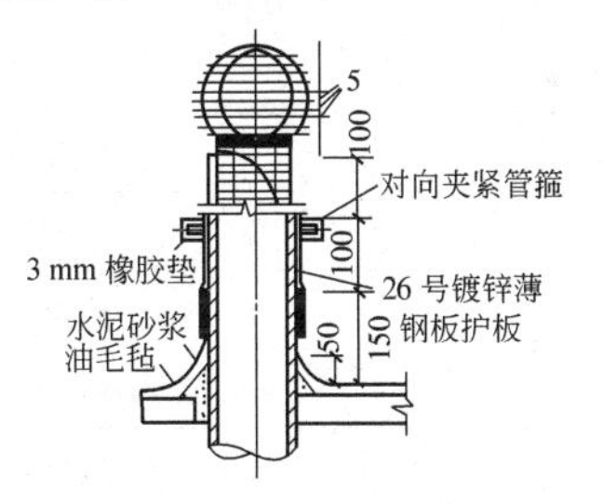

图2-36　通气管出屋面(单位：mm)

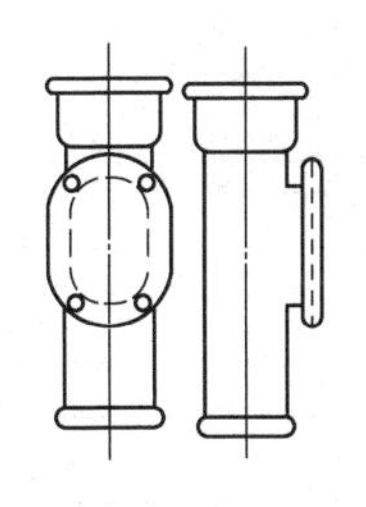

图2-37　检查口

排水横管上的清扫口，应与地面相平，见图2-38。当污水横支管在楼板下悬吊敷设时，可将清扫口设在其上面楼板地面上或楼板下排水横支管的起点处。

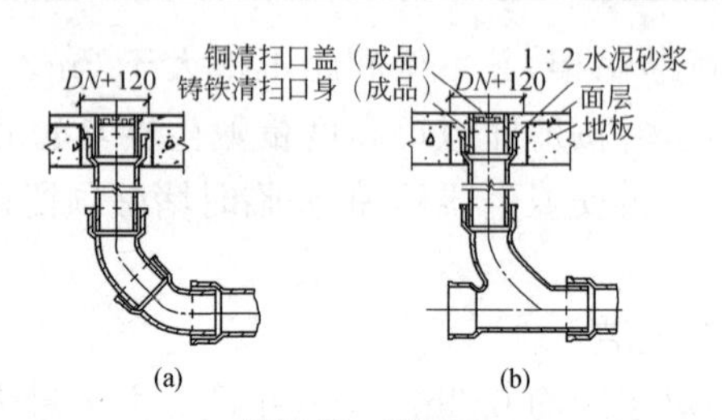

图 2-38　清扫口

(a)排水管起点清扫口；(b)排水管中途清扫口

为了清通方便，排水横管清扫口与管道相垂直的墙面距离不得小于 200mm，若排水横管起点设置堵头代替清扫口，与墙面距离不得小于 400mm。当污水横管的直线段较长时，应按表 2-9 规定设置检查口或清扫口。

表 2-9　　检查口或清扫口之间的最大距离

管径/mm	污水性质			清通装置的种类
	假定净水	生活粪便水和成分近似粪便水的污水	含大量悬浮物的污水	
	间距/m			
50～75	15	12	10	检查口
50～75	10	8	6	清扫口
100～150	20	15	12	检查口
100～150	15	10	8	清扫口
200	25	20	15	检查口

2. 硬聚氯乙烯排水管道安装

硬聚氯乙烯管道的连接方法有螺纹连接和黏接两种。管道的吊架、管卡可用定型注塑材料，也可用其他材料。

硬聚氯乙烯埋地管道安装时应在管沟底部用100～150mm的砂垫层，安放管道后要用细砂回填至管顶上至少200mm。当埋地管穿越地下室外墙时，应采取防水措施。当采用刚性防水套管时，可按图2-39施工。

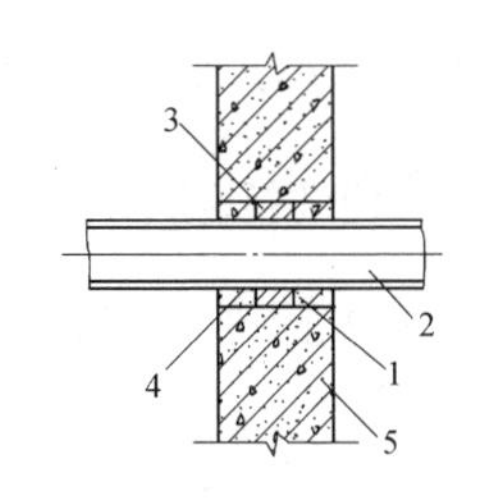

图2-39　管道穿越地下室外墙

1—预埋刚性套管；2—PVC-U管；3—防水胶泥；4—水泥砂浆；5—钢筋混凝土外墙

(1)立管安装。

当层高不大于4m时，应每层设置一个伸缩节；当层高大于4m时，应按计算伸缩量来选伸缩节数量。安装时先将管段扶正，将管子插口插入伸缩节承口底部，并按要求预留出间隙，在管端画出标记，再将管端插口平直插入伸缩节承口橡胶圈内，用力均匀，找直、固定立管，完毕后即可堵洞。住宅内安装伸缩节的高度为距地面1.2m，伸缩节中预留间隙为10～15mm。

(2)支管安装。

将支管水平吊起，涂抹胶粘剂，用力推入预留管口。调整坡度后固定卡架，封闭各预留管口和填洞。

硬聚氯乙烯管道支架允许最大间距，应按表2-10确定。

表2-10　硬聚氯乙烯塑料管支架间距

管径/mm		50	75	110	125	160
支吊架最大间距/m	横管	0.5	0.75	1.10	1.30	1.6
	立管	1.2	1.5	2.0	2.0	2.0

注：立管穿楼板和屋面处，应为固定支撑点。

排水塑料管与排水铸铁管连接时，捻口前应将塑料管外壁用砂布、锯条打毛，再填以油麻、石棉水泥进行接口。

排水工程结束验收时应做系统通水能力试验。

七、室外给水系统安装

室外给水管道一般采取直接埋地敷设。

1. 管沟的开挖

(1)沟槽断面形式。

常用的沟槽断面形式有:直槽、梯形槽、混合槽及联合槽等,见图 2-40。

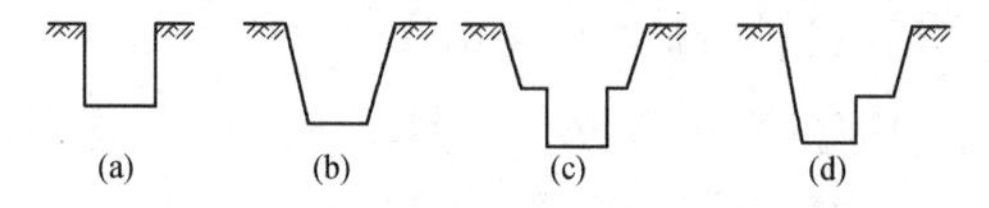

图 2-40　沟槽断面形式

(a)直槽;(b)梯形槽;(c)混合槽;(d)联合槽

开槽断面形式的选择依据管径大小、埋深、土质和施工条件等因素确定。

(2)沟槽底宽和边坡值。

沟槽底宽以 B 表示,B 值按表 2-11 经验数值选定。

梯形槽放坡值以 M 表示,M 值可参照表 2-12 确定。

表 2-11　直埋管敷设槽底宽度 **B** 值

管径/mm 管材种类	100～200	250～350	400～450	500～600
金属管、石棉水泥管/m	0.7	0.8	1.0	1.3
混凝土管/m	0.9	1.0	1.2	1.5
陶土管/m	0.8	0.9	—	—

表 2-12　　梯形槽的放坡值

土质类别	放坡值/m	
	槽深 $H<3$	槽深 $H>3$
砂土	$0.75H$	$1.0H$
亚黏土	$0.50H$	$0.67H$
亚砂土	$0.33H$	$0.50H$
黏土	$0.25H$	$0.33H$

沟槽上口宽度(W)在已知沟槽土质情况时,可按下式计算:

$$W = B + 2M \tag{2-4}$$

(3)管道测量定线。

根据管线平面图,用经纬仪测定管线中心线,在管道分支、变坡、转弯及井室中心等处设中心桩,同时沿管线每隔10～15m处设坡度桩,沟槽开挖前,在管道中心线两侧各量 1/2 沟槽上口宽度,拉线洒白灰,定出管沟开挖边线,俗称放线。

①埋设坡度板:沟槽开挖前,由测量人员按照管线设计桩号每隔 10～15m 和管线转弯、分支、变坡等处埋设一块木板,木板上钉上管线中心钉和高程钉,标记出桩号和井号,见图 2-41。用以控制沟槽宽度和挖深。

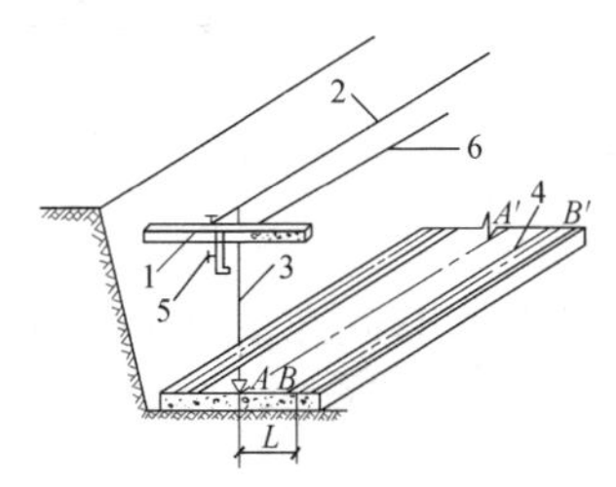

图 2-41　坡度板

1—坡度板;2—中心线;3—中心垂线;4—管基础;5—高程钉;6—坡度线

②沟底找坡:在各坡度板上中心钉挂线,即可确定出管中心线 $A-A'$,用此线控制安管中心位置。

③在各坡度板上高程钉挂线,线绳坡度与管道设计坡度相

同，挂线高程减去下返常数即为管底设计标高。以此控制沟槽挖深和稳管高程。

④沟槽开挖可用人工法和机械法两种。机械法开挖测量分两步测设，第一步粗钉中心桩，放出挖槽边线，挖深到距管底设计标高少挖 20～30cm，待第二步再测设坡度板时，用人工清槽至设计标高。

2. 管道承插式刚性接口安装

(1)普通铸铁管承插式石棉水泥接口。

①下管：在挖好沟槽后，经验槽合格即开始下管。下管方法有人工压绳法(图 2-42)和机械下管法。

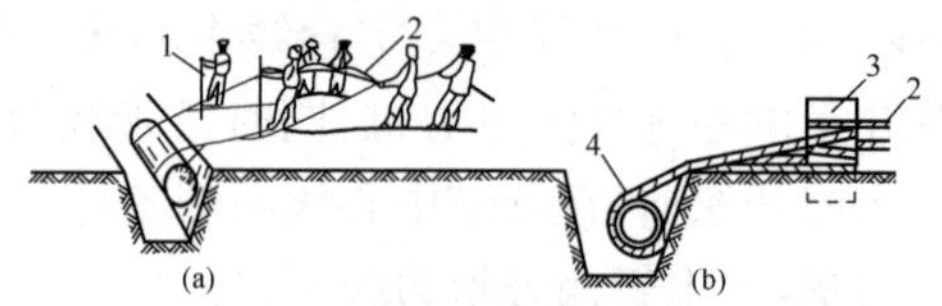

图 2-42 压绳下管法

(a)撬棍压绳法；(b)集中下管法

1—撬棍；2—下管大绳；3—埋立管；4—下管

②对口：一般采用人工用撬棍撞口，听到顶撞声，而且回弹留有间隙，其间隙值见表 2-13。可用塞尺插入承口检查对口间隙大小。同时注意对中和对高程的要求。

表 2-13 承插铸铁管对口最大间隙 (单位：mm)

公称直径	直线敷设	曲线敷设
75	4	5
100～250	5	7～13
300～500	6	14～22

③打口和养护：打口前，先检查管子安装的位置和坡度是否符合设计要求，用铁牙将承口环形间隙找匀。再用麻錾打麻（或橡胶圈）至紧密状态，分层填打石棉水泥灰，直至灰口凹进承口2mm左右为止。然后用湿土覆盖养护48h以上，可进行水压试验。

④管道上的管件、阀门与管道安装同时进行，而消火栓、排气阀等附件在水压试验后再进行安装，各类井室在回填土前完成砌筑。

⑤沟槽回填土：水压试验合格后即可开始土方回填，应从管子两侧同时回填，每层摊铺厚度20～30cm，边回填边夯实，同时进行干密度测试，直至回填至地面。

（2）承插铸铁管膨胀水泥砂浆接口。

接口密封填料采用膨胀水泥砂浆，可避免用锤打击石棉水泥灰的繁重体力劳动，只需分层填入膨胀水泥砂浆，分层捣实即可。

膨胀水泥砂浆配合比：膨胀水泥∶砂∶水＝1∶1∶0.3。随用随拌和，半小时内用完。

（3）青铅接口内填油麻，外填青铅。

在打好油麻后，将铅熔化，灌入承口内，凝固后，卸下卡箍，用铅錾捻打，直至铅表面平滑。

3. 管道承插式柔性接口安装

（1）承插式球墨铸铁管接口。

①准备工作。

a. 检查管材有无损坏，承插口工作面尺寸是否在允许范围内。

b. 对承插口工作面的毛刺和污物清除干净。

c. 橡胶圈形体完整，表面无裂缝。

d. 检查安装机具是否配套齐全、良好。

②安装步骤。

a. 清理承、插管口，刷一层润滑剂。

b. 上胶圈，把胶圈上到承口槽内，用手轻压一遍，使其均匀一致卡在槽内。

c. 将插口中心对准承口中心，安装好倒链，均匀地使插口推入承口内，如图 2-43。

(2)预应力钢筋混凝土管接口。

一般管径在 400mm 以上，采用承插式接口、橡胶圈为密封材料。其安装方法基本与球墨铸铁管相同，其接口大样，如图 2-44。

顶推机具可采用千斤顶法、倒链(手动葫芦)法及其他顶进设备。

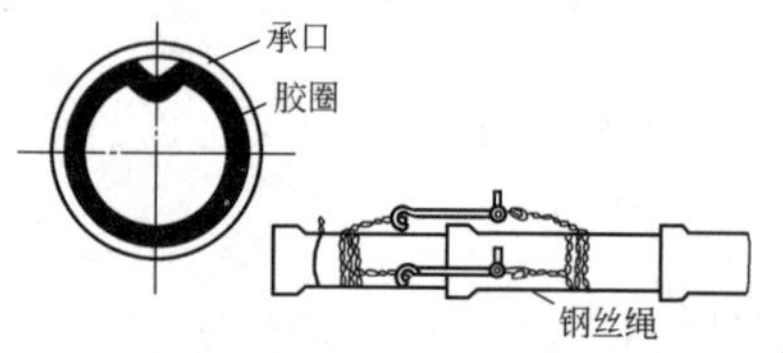

图 2-43 插口推入承口示意图

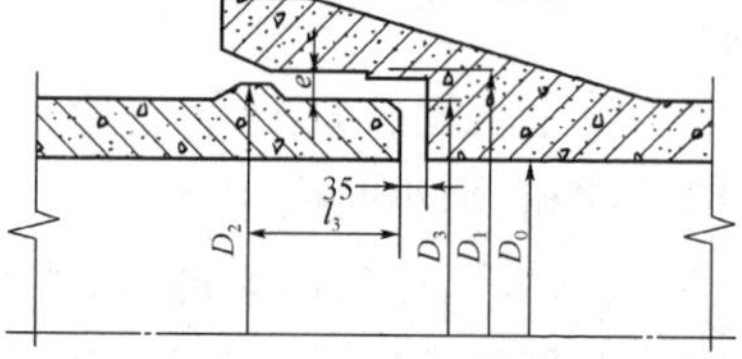

图 2-44 预应力钢筋混凝土接口大样

八、卫生设备安装

1. 卫生器具安装

(1)定位放线。

①依据表 2-14 确定卫生器具安装高度。

表 2-14　　卫生器具安装高度

卫生器具名称			安装高度/mm		备　注
			居住和公共建筑	幼儿园	
污水盆(池)	架空式		800	800	—
	落地式		500	500	—
洗涤盆(池)			800	800	自地面至器具上边缘
洗脸盆、洗手盆(有塞,无塞)			800	500	
盥洗槽			800	500	
浴盆			≤520	—	
蹲式大便器	高水箱		1800	1800	自台阶面至高水箱底
	低水箱		900	900	自台阶面至低水箱底
坐式大便器	高水箱		1800	1800	自台阶面至高水箱底
	低水箱	外露排出管式	510	370	自地面至低水箱底
		虹吸喷射式	470	—	
小便器	挂式		600	450	自地面至下边缘
小便槽			200	150	自地面至台阶面
大便槽冲洗水箱			≥2000	—	自台阶至水箱底
妇女卫生盆			360	—	自地面至器具上边缘
化验盆			800	—	自地面至器具上边缘

②根据土建+0.5m(或1.0m)水平控制线、建筑施工图及器具安装高度确定器具安装位置。

(2)支架制作。

①支架采用型钢,螺栓孔不得使用电气焊、开孔、扩孔或切割。

②坐便器固定螺栓不小于M6,冲水箱固定螺栓不小于M10,家具盆使用扁钢支架时不小于40mm×3mm,螺栓不小于M8。

③支架制作应牢固、美观,孔眼及边缘应平整光滑,与器具

接触面吻合。

④支架制作完成后进行防腐处理。

(3)支架安装。

①钢筋混凝土墙:找好安装位置后,用墨线弹出准确坐标,打孔后直接使用膨胀螺栓固定支架。

②砖墙:用 $\phi20$ 的冲击钻在已经弹出的坐标点上打出相应深度的孔,将洞内杂物清理干净,放入燕尾螺栓,用强度等级不小于 42.5 级的水泥捻牢。

③轻钢龙骨墙:找好位置后,应增加加固措施。

④轻质隔板墙:固定支架时,应打透墙体,在墙的另一侧增加薄钢板固定,薄钢板必须嵌入墙面内,外表与土建装饰面抹平。

支架安装过程中应注意和土建防水工序的配合,如对其防水造成破坏,应及时通知土建处理。

(4)蹲便器、高低水箱安装。

①将胶皮碗套在蹲便器进水口上套正、套实后紧固。

②找出排水管口的中心线,并画在墙上,用水平尺(或线坠)找好竖线。

③将下水管承口内抹上油灰,蹲便器位置下铺垫白灰膏(白灰膏厚度以蹲便器标高符合要求为准),然后将蹲便器排水口插入排水管承口内稳装好。

④用水平尺放在蹲便器上沿,纵横双向找平、找正,使蹲便器进水口对准墙上中心线。

⑤蹲便器两侧用砖砌好抹光,将蹲便器排水口与排水管承口接触处的油灰压实、抹光。然后将蹲便器排水口临时封堵。

⑥蹲便器稳装之后,确定水箱出水口中心位置,向上测量出规定高度(箱底距台阶面 1.8m)。

⑦根据高水箱固定孔与给水孔的距离确定固定螺栓高度，在墙上做好标记，安装支架及高水箱。

⑧安装多联蹲便器时，应先找出标准地面标高，向上测量好蹲便器需要的高度，用小线找平，找好墙面距离，然后按上述方法逐个进行稳装。

⑨多联高低水箱应按上述做法先挂两端的水箱，然后挂线拉平找直，再稳装中间水箱。

(5)背水箱坐便器安装。

①清理坐便器预留排水口，取下临时管堵，检查管内有无杂物。

②将坐便器出水口对准预留口放平找正，在坐便器两侧固定螺栓眼孔处做好标记。

③在标记处剔 ϕ20mm×60mm 的孔洞，栽入螺栓，将坐便器试稳，使固定螺栓与坐便器吻合，移开坐便器。将坐便器排水口及排水管口周围抹上油灰后，将坐便器对准螺栓放平、找正，进行安装。

④对准坐便器尾部中心，在墙上画好垂直线，在距地坪800mm 高度画水平线。根据水箱背面固定孔眼的距离，在水平线上做好标记，栽入螺栓。将背水箱挂在螺栓上放平、找正，进行安装。

(6)洗脸盆安装。

①挂式洗脸盆安装。

a. 燕尾支架安装：按照排水管中心在墙上画出竖线，由地面向上量出规定的高度，画出水平线，根据盆宽在水平线上做好标记，栽入支架。将洗脸盆置于支架上找平、找正后将架钩钩在盆下固定孔内，拧紧盆架的固定螺栓，找平找正。

b. 铸铁架洗脸盆安装：按上述方法找好十字线，栽入支架，将活动架的固定螺栓松开，拉出活动架将架钩钩在盆下固定孔内，拧紧盆架的固定螺栓，找平找正。

②柱式洗脸盆安装。

按照排水管口中心画出竖线，立好支柱，将洗脸盆中心对准竖线放在立柱上，找平后在洗脸盆固定孔眼位置栽入支架。

将支柱在地面位置做好标记，并放好白灰膏，稳好支柱和脸盆，将固定螺栓加橡胶垫、垫圈，带上螺母拧至松紧适度。

洗脸盆面找平，支柱找直后将支柱与洗脸盆接触处及支柱与地面接触处用白水泥勾缝抹光。

③台式洗脸盆安装。待土建做好台面后，按照上述方法②固定洗脸盆并找平找正，盆与台面的缝隙处用密闭膏封好，防止漏水。

(7)净身盆安装。

①清理排水预留管口，取下临时管堵，装好排水三通下口铜管。

②将净身盆排水管插入预留排水管口内，将净身盆稳平找正，做好固定螺栓孔眼和底座的标记，移开净身盆。

③在固定螺栓孔标记处栽入支架，将净身盆孔眼对准螺栓放好，与原标记吻合后再将净身盆下垫好白灰膏，排水铜管套上护口盘。净身盆找平、找正后稳牢。净身盆底座与地面有缝隙之处，嵌入白水泥膏补齐、抹平。

(8)挂式小便器安装。

①根据排水口位置画一条垂线，由地面向上量出规定的高度画一水平线，根据小便器尺寸在横线上做好标记，再画出上、下孔眼的位置。

②在孔眼位置栽入支架，托起小便器挂在螺栓上。把胶垫、垫圈套入螺栓，将螺母拧至松紧适度。将小便器与墙面的缝隙

嵌入白水泥膏补齐、抹光。

(9)立式小便器安装。

①按照上述其他卫生器具的安装方法，根据排水口位置和小便器尺寸做好标记，栽入支架。

②将下水管周围清理干净，取下临时管堵，抹好油灰，在立式小便器下铺垫水泥、白灰膏的混合物(比例为1∶5)。

③将立式小便器找平、找正后稳装。立式小便器与墙面、地面缝隙嵌入白水泥浆抹平、抹光。

(10)家具盆安装。

①将盆架和家具盆进行试装，检查是否相符。

②将冷、热水预留管之间画一平分垂线(只有冷水时，家具盆中心应对准给水管口)。由地面向上量出规定的高度，画出水平线，按照家具盆架的宽度做好标记，剔成$\phi50\times120$的孔眼，将盆架找平、找正后用水泥栽牢。

③将家具盆放于支架上使之与支架吻合，家具盆靠墙一侧缝隙处嵌入白水泥浆勾缝抹光。

(11)浴盆安装。

①浴盆稳装前应将浴盆内表面擦拭干净，同时检查瓷面是否完好。

②带腿的浴盆先将腿部的螺栓卸下，将拔销母插入浴盆底卧槽内，把腿扣在浴盆上带好螺母拧紧找平。

③浴盆如砌砖腿时，应配合土建把砖腿按标高砌好。将浴盆稳于砖台上，找平、找正。浴盆与砖腿缝隙处用1∶3水泥砂浆填充抹平。

(12)器具通水试验。

①器具安装完成后，应进行满水和通水试验，试验前应检查地漏是否畅通，分户阀门是否关好，然后按层段分户分房间逐一

进行通水试验。

②试验时临时封堵排水口，将器具灌满水后检查各连接件不渗不漏；打开排水口，排水通畅为合格。

(13)卫生设备安装质量控制要点。

①排水栓和地漏的安装应平正、牢固，低于排水表面，周边无渗漏。地漏水封高度不得小于50mm。

②卫生器具交工前应做满水和通水试验。

③卫生器具安装的允许偏差应符合表2-15的规定。

表2-15　卫生器具安装允许偏差和检验方法

项目		允许偏差/mm	检验方法
坐标	单独器具	10	拉线、吊线和尺量检查
	成排器具	5	
标高	单独器具	±15	
	成排器具	±10	
器具水平度		2	用水平尺和尺量检查
器具垂直度		3	用吊线和尺量检查

④有饰面的面盆、浴盆，应留有通向排水口的检修门。

⑤小便槽冲洗管，应采用镀锌钢管或硬质塑料管。冲洗孔应斜向下安装，冲洗水流同墙面成45°，镀锌钢管钻孔后应进行二次镀锌。

⑥卫生器具的支、托架必须防腐良好，安装平整、牢固，与器具接触紧密、平稳。

2. 卫生器具配件安装

(1)高水箱配件安装。

①根据水箱进水口位置，确定进水弯头和阀门的安装位置，

拆下水箱进水口的锁母，加上垫片，拆下水箱出水管根母，加垫片，安装弹簧阀及浮球阀，组装虹吸管、天平架及拉链，拧紧根母。

②固定好组装完毕的水箱，把冲洗管上端插入水箱底部锁母后拧紧，下端与蹲便器的胶皮碗用 16 号铜丝绑扎3～4道。冲洗管找正找平后用单立管卡子固定牢固。

(2)低水箱配件安装。

①根据低水箱固定高度及进水点位置，确定进水短管的长度，拆下水箱进水漂子门根母及水箱冲洗管连接锁母，加垫片，安装溢水管，把浮球拧在漂杆上，并与浮球阀连接好，调整挑杆的距离，挑杆另一端与扳把连接。

②冲洗管的安装与高水箱冲洗管的安装相同。

(3)连体式背水箱配件安装。

①把进水浮球阀与水箱连接处孔眼加垫片，拧紧适度，根据水箱高度与预留给水管的位置，确定进水短管的长度，与进水八字门连接。

②在水箱排水孔处加胶圈，把排水阀与水箱出水口用根母拧紧，盖上水箱盖，调整把手，与排水阀上端连接。

③皮碗式冲洗水箱，在排水阀与水箱出水口连接紧固后，根据把手到水箱底部的距离，确定连接挑杆与皮碗的尼龙线的距离并连接好，使挑杆活动自如。

(4)分体式水箱配件安装。

分体式水箱在箱内配件安装的原理和连体式水箱相同，分体式水箱的箱体和坐便器通过冲洗管连接，拆下水箱出水口的根母，加胶圈，把冲洗管的一端插入根母中，拧紧适度，另一端插入坐便器的进水口橡胶碗内，拧牢压盖，安装紧固后的冲洗管的直立端应垂直，横装端应水平或稍倾向坐便器。

(5)延时自闭冲洗阀的安装。

根据冲洗阀的中心距地面高度和冲洗阀至胶皮碗的距离，断好 90°弯的冲洗管，使两端吻合，将冲洗阀锁母和胶圈卸下，套在冲洗管直管段上，将弯管的下端插入胶皮腕内 40～50mm，固定牢固。将上端插入冲洗阀内，推上胶圈，调直找正，将锁母拧至适度。扳把式冲洗阀的扳手应朝向右侧，按钮式冲洗阀的按钮应朝向正面。

(6)脸盆水龙头安装。

将水龙头根母、锁母卸下，插入脸盆给水孔眼，下面再套上橡胶垫圈，带上根母后将锁母拧紧至松紧适度。

(7)浴盆混合水龙头的安装。

冷水、热水管口找平、找正后，将混合水龙头转向对丝缠生料带，带好护口盘，用自制扳手插入转向对丝内，分别拧入冷水、热水预留管口并校好尺寸，找平找正，使护口盘与墙面吻合。然后将混合水龙头对正转向对丝并加垫，拧紧锁母找平、找正后用扳手拧至松紧适度。

(8)给水软管安装。

量好尺寸，配好短管，装上八字水门；将短管另一端螺纹处缠生料带后拧在预留给水管口至松紧适度(暗装管道带护口盘，要先将护口盘套在短节上，短管上完后，将护口盘内填满油灰，向墙面找平，按实并清理外溢油灰)；将八字水门与水龙头的锁母卸下，背靠背套在短管上，分别加好紧固垫(料)，上端插入水龙头根部，下端插入八字水门中口，找直、找正后分别拧好上、下锁母至松紧适度。

(9)小便器配件安装。

①将小便器角式长柄截止阀的螺纹上缠好生料带。

②压盖与给水预留口连接，用扳手适度紧固，压盖内加油灰

并使其与墙面吻合严密。

③角阀的出口对准喷水鸭嘴，确定短管长度，压盖与锁母插入喷水鸭嘴和角阀内。

(10)净身盆配件安装。

①卸下混合阀门及冷水、热水阀门的阀盖，调整根母。在混合开关的四通下口装上预装好的喷嘴转心阀门。在混合阀门四通横管处套上冷、热水阀门的出口锁母，加胶圈组装在一起，拧紧锁母。将三个阀门门颈处加胶垫、垫圈带好根母。混合阀门上加角型胶垫及少许油灰，扣上长方形镀铬护口盘，带好根母，将混合阀门上根母拧紧至适度，能使转心阀门盖转动30°。再将冷水、热水阀门的上根母对称拧紧。分别装好三个阀门门盖，拧紧固定螺丝。

②喷嘴安装：在喷嘴靠瓷面处加1mm厚的胶垫，抹少许油灰；把铜管的一端与喷嘴连接，另一端与混合阀门四通下转心阀门连接；拧紧锁母，转心阀门梃应该朝向与四通平行一侧，以免影响手提拉杆的安装。

③排水口安装：排水口加胶垫后穿入净身盆排水孔眼，拧入排水三通上口；使排水口与净身盆排水孔眼的凹面相吻合后将排水口圆盘下加抹油灰，外面加胶垫、垫圈，用自制扳手卡入排水口内十字筋，使溢水口对准净身盆溢水孔眼，拧入排水三通上口。

④手提拉杆安装：在排水三通中口装入挑杆弹簧珠，拧紧锁母至松紧适度，将手提拉杆插入空心螺栓，用卡具与横挑杆连接，调整定位，使手提拉杆活动自如。

(11)淋浴器安装。

①镀铬淋浴器安装。

暗装管道将冷水、热水预留管口加试管找平、找正后，量好短管尺寸，断管、套丝、缠生料带，上好短管弯头。

明装管道按规定标高摵好元宝弯，上好管箍。

在淋浴器锁母外丝丝头处缠生料带并拧入弯头或管箍内，再将淋浴器对准锁母外丝，将锁母拧紧。

将固定圆盘上的孔眼找平、找正后做好标记，卸下淋浴器，在标记处栽好铅皮卷。

将锁母外螺纹加垫，对准淋浴器拧至松紧适度，再将固定圆盘与墙面靠严并固定在墙上。

将淋浴器上部铜管预装在三通口上，使立管垂直，固定圆盘与墙面贴实，孔眼平正，做好标记并栽入铅皮卷，锁母外加垫，将锁母拧至松紧适度。

②铁管淋浴器的组装。由地面向上量出 1.15m，画出阀门中心标高线，再画出冷、热阀门中心位置，测量尺寸，预制短管，按顺序组装，立管、喷头找正后栽固定立管卡，将喷头卡住。

(12)排水栓的安装。

①卸下排水栓根母，放在家具盆排水孔眼内，将一端套好螺纹的短管涂油、缠麻拧上存水弯外露 2～3 扣。

②量出排水孔眼到排水预留管口的尺寸，断好短管并做扳边处理，在排水栓圆盘下加 1mm 胶垫、垫圈，带上根母。

③在排水栓螺纹处缠生料带后使排水栓溢水眼和家具盆溢水孔对准，拧紧根母至松紧适度并调直找正。

(13)S 形存水弯的连接。

①应采用带检查口型的 S 形存水弯，在脸盆排水栓螺纹下端缠生料带后拧上存水弯至松紧适度。

②把存水弯下节的下端缠生料带后插在排水管口内，将胶垫放在存水弯的连接处，调直找正后拧至松紧适度。

③用油麻、油灰将下水管口塞严、抹平。

(14)P形存水弯的连接。

①在脸盆排水口螺纹下端缠生料带后拧上存水弯至松紧适度。

②把存水弯横节按需要长度配好,将锁母和护口盘背靠背套在横节上,在端头套上橡胶圈,调整安装高度至合适,然后把胶垫放在锁口内,将锁母拧至松紧适度。

③把护口盘内填满油灰后找平、按平,将外溢油灰清理干净。

(15)浴盆排水配件安装。

①将浴盆配件中的弯头与短横管相连接,将短管另一端插入浴盆三通的口内,拧紧锁母。三通的下口插入竖直短管,竖管的下端插入排水管的预留甩口内。

②浴盆排水栓圆盘加胶垫,抹铅油,插进浴盆的排水孔眼里,在孔外加胶垫和垫圈,在螺纹上缠生料带,用扳手卡住排水口上的十字筋与弯头拧紧连接好。

③溢水立管套上锁母,插入三通的上口,并缠紧油麻,对准浴盆溢水孔,拧紧锁母。将排出管接入水封存水弯或存水盒内。

(16)卫生器具给水配件的安装高度见表2-16。

表2-16　卫生器具给水配件安装高度　(单位:mm)

给水配件名称	配件中心距地面高度	冷、热水龙头距离
架空式污水盆(池)水龙头	1000	—
落地式污水盆(池)水龙头	800	—
洗涤盆(池)水龙头	1000	150
住宅集中水龙头	1000	—
洗手盆水龙头	1000	—

续表

给水配件名称		配件中心距地面高度	冷、热水龙头距离
洗脸盆	水龙头(上配水)	1000	150
	水龙头(下配水)	800	150
	角阀(下配水)	450	—
盥洗槽	水龙头	1000	150
	冷、热水管上下并行其中热水龙头	1100	150
浴盆	水龙头(上配水)	670	150
淋浴器	截止阀	1150	95
	混合阀	1150	—
	淋浴喷头下沿	2100	—
大便槽冲洗水箱截止阀(台阶面算起)		≥2400	—
立式小便器角阀		1130	—
挂式小便器角阀及截止阀		1050	—
小便槽多孔冲洗管		1100	—
实验室化验水龙头		1000	—
妇女卫生盆混合阀		360	—
坐式大便器	高水箱角阀及截止阀	2040	—
	低水箱角阀	150	—
蹲式大便器(台阶面算起)	高水箱角阀及截止阀	2040	—
	低水箱角阀	250	—
	手动式自闭冲洗阀	600	—
	脚踏式自闭冲洗阀	150	—
	拉管式自闭冲洗阀(从地面算起)	1600	—
	带防污助冲器阀门(从地面算起)	900	—

(17)连接卫生器具的排水管径和最小坡度见表2-17。

表2-17　连接卫生器具的排水管径和最小坡度

<table>
<tr><th colspan="2">卫生器具名称</th><th>排水管管径/mm</th><th>管道的最小坡度/%</th></tr>
<tr><td colspan="2">污水盆(池)</td><td>50</td><td>25</td></tr>
<tr><td colspan="2">单、双格洗涤盆(池)</td><td>50</td><td>25</td></tr>
<tr><td colspan="2">洗手盆、洗脸盆</td><td>32～50</td><td>20</td></tr>
<tr><td rowspan="3">大便器</td><td>高、低水箱</td><td>100</td><td>12</td></tr>
<tr><td>自闭式冲洗阀</td><td>100</td><td>12</td></tr>
<tr><td>拉管式冲洗阀</td><td>100</td><td>12</td></tr>
<tr><td rowspan="2">小便器</td><td>手动、自闭式冲洗阀</td><td>40～50</td><td>20</td></tr>
<tr><td>自动冲洗水箱</td><td>40～50</td><td>20</td></tr>
<tr><td colspan="2">化验盆(无塞)</td><td>40～50</td><td>25</td></tr>
<tr><td colspan="2">净身器</td><td>40～50</td><td>20</td></tr>
<tr><td colspan="2">饮水器</td><td>20～50</td><td>10～20</td></tr>
<tr><td colspan="2">家用洗衣机</td><td>50(软管为30)</td><td>—</td></tr>
</table>

(18)配件调整。

配件安装完毕后,检查配件安装牢固度,开启方便,朝向合理,器具及配件周围做缝隙处理,抹平,清理干净。

(19)器具配件通水试验。

①满水试验:打开器具进水阀门,封堵排水口,观察器具及各连接件是否渗漏,溢水口溢流是否畅通。

②通水试验:器具满水后打开排水口,检查器具连接件,以不渗不漏排水通畅为合格。

(20)卫生器具配件安装质量控制要点

①卫生器具配件应完好无损,接口严密,启闭灵活。

②卫生器具给水配件安装标高的允许偏差应符合表 2-18 的规定。

表 2-18 卫生器具给水配件安装允许偏差

项目	允许偏差/mm	检验方法
大便器高、低水箱角阀及截止阀	±10	用吊线和尺量检查
水龙头	±10	
淋浴器喷头下沿	±15	
浴盆软管淋浴器挂钩	±20	

③浴盆软管淋浴器挂钩的高度，如设计无要求，应距地面 1.8m。

九、建筑采暖系统安装

1. 室内采暖管道安装

(1)热力入口。

对于热水采暖系统，在热力入口的供回水管上应设置阀门、温度计、压力表、除污器等，供水管和回水管之间设连通管，并设有阀门，见图 2-45。

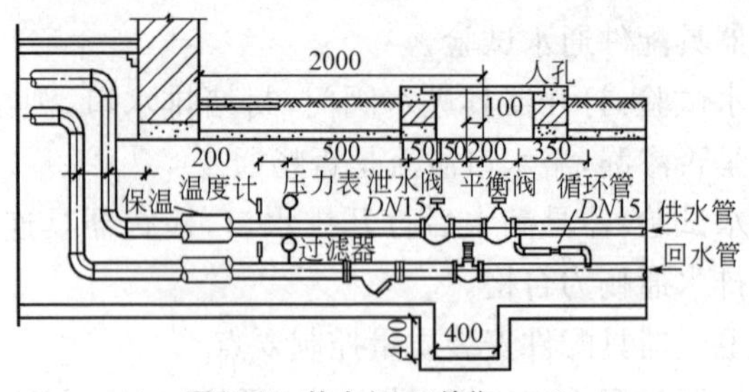

图 2-45 热力入口(单位:mm)

蒸汽采暖系统，当室外蒸汽压力高于室内蒸汽系统的工作压力时，应在热力入口的供汽管上设置减压阀、安全阀等。

(2)干管的安装。

采暖干管分为保温干管和非保温干管，安装必须明确。室内干管的定位是以建筑物纵、横轴线控制走向，通常确定安装平面的位置(见表2-19)。在立面高度上，一般设计图上标注的标高为管中心的标高，根据管径、壁厚推算出支架横梁面标高，来控制干管的立面安装位置和坡度。

表2-19　预留孔洞尺寸及管道与墙净距　(单位:mm)

管道名称及规格		管外壁与墙面最小净距	明装留孔尺寸长×宽	暗装墙槽尺寸宽×深
供热主干管	$DN\leqslant 80$	—	300×250	—
	$DN=100\sim125$	—	350×300	—
供热立管	$DN\leqslant 25$	25～30	100×100	130×130
	$DN=32\sim50$	35～50	150×150	150×130
	$DN=70\sim100$	55	200×200	200×200
	$DN=125\sim150$	60	300×300	—
散热器支管	$DN\leqslant 25$	15～25	100×100	60×60
	$DN=32\sim40$	30～40	150×130	150×100

①定位放线及支架安装。根据施工图的干管位置、走向、标高和坡度，挂通管子安装的坡度线，如未留孔洞时，应打通干管穿越的隔墙洞，弹出管子安装坡度线。在坡度线下方，按设计要求画出支架安装剔洞位置。

②管子上架与连接。在支架栽牢并达到设计强度后，即可将管子上架就位，通常干管安装应从进户管或分支路点开始。所有管口在上架前，均用角尺检测，以保证对口的平齐。采用焊

接连接的干管，对口应不错口并留 1.5～2.0mm间隙，点焊后调直，最后焊死。焊接完成后即可校核管道坡度，无误后进行固定。采用螺纹连接的干管，在丝头处涂上铅油、缠好麻丝，一人在末端扶平管子，一人在接口处把管对准螺纹，慢慢转动入扣，用管钳拧紧适度。装好支架U形卡，再安装下节管，以后照此进行连接。

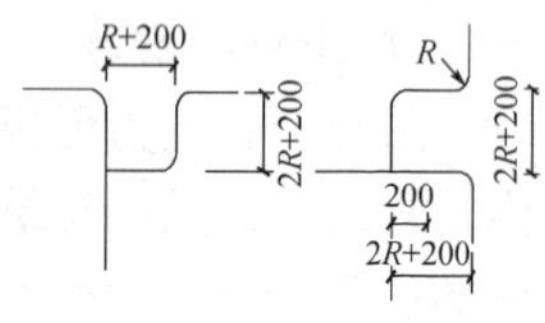

图 2-46　干管与分支管连接(单位:mm)

③干管过墙安装分路做法，见图 2-46。

④分路阀门距分路点不宜过长。集气罐位于系统末端，进、出水口应开在偏下约为罐高的 1/3 处，其放风管应稳固。

⑤干管过门的安装方法，见图 2-47。

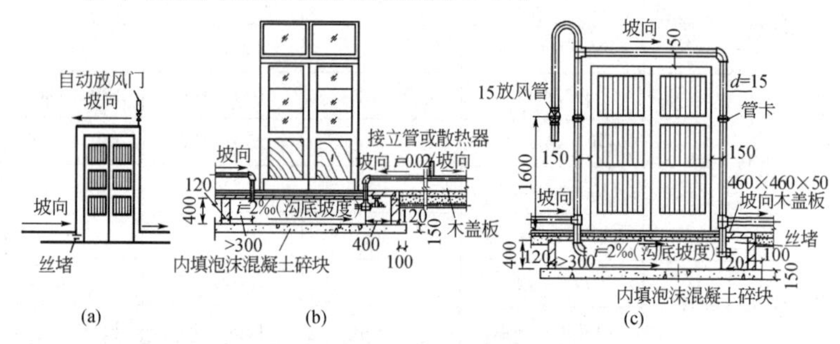

图 2-47　干管过门的安装(单位:mm)

(a)热水干管过门上安装;(b)热水干管过门下安装;(c)蒸汽干管过门安装

⑥管道安装后，检查标高、预留口等是否正确，然后调直，用水平尺对坡度，调整合格，调整支架螺栓U形卡，最后焊牢固定支架的止动板。

⑦放正各穿墙处的套管，封填管洞口，预留管口加好临时管堵。

⑧敷设在管沟、屋顶、吊顶内的干管，不经水压试验合格，不得进行保温和覆盖。

(3)立管的安装。

立管位置由设计确定，但距墙保持最小净距，易于安装操作。立管的安装步骤有如下几点。

①校对各层预留孔洞位置是否垂直。自顶层向底层吊通线，若未留预留孔洞，先打通各层楼板，吊线。再根据立管与墙面的净距，确定立管卡子的位置，剔眼，栽埋好管卡。

②立管的预制与安装。所有立管均应在测量楼层管段长度后，采用楼层管段预制法进行预制，将预制好的管段按编号顺序运至安装位置。安装可从底层向顶层逐层进行(或由顶层向底层进行)预制管段连接。涂铅油缠麻，对准管口转动入扣，用管钳拧紧适度，螺纹外露2～3扣，清除麻头。

每安装一层管段时，先穿入套管，对于无跨越管的单管串联式系统，应和散热器支管同时安装。

③检查立管的每个预留口标高、方向、半圆弯等是否准确、平正。将事先栽好的管卡子松开，把管放入卡内拧紧螺栓，找好垂直度，扶正钢套管，填塞孔洞使其套管固定。

④立管与干管连接的具体做法见图2-48。采用在干管上焊上短丝管头，以便于立管的螺纹连接。

立管一般明装，布置在外墙墙角及窗间墙处。立管距墙面的距离：立管的管卡当层高不大于5m时，每层须安1个，管卡距地面1.5～1.8m。层高大于5m时，每层不少于2个，两管卡匀称安装。

(4)支管安装。

散热器支管上一般都有乙字弯。安装时均应有坡度，以便排出散热器中的空气和放水。

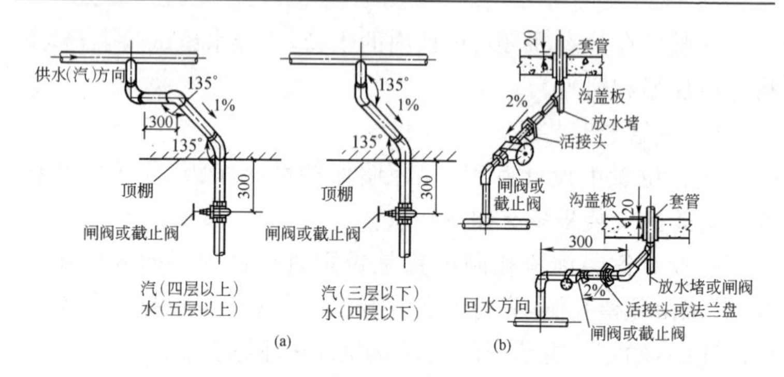

图 2-48 立、干管的连接(单位:mm)

(a)干管与立管离墙不同的连接方法;(b)地沟内立、干管的连接方法

当支管全长不大于 500mm,坡度值为 5mm;大于 500mm 时,坡度值为 10mm。当一根立管连接两根支管时,其中任一根超过 500mm,其坡度值均为 10mm。当散热器支管长度大于 1.5m 时,应在中间安装管卡或托钩。

安装步骤有如下几点。

①检查散热器安装位置及立管预留口是否准确。量出支管尺寸,即散热器中心距墙与立管预留口中心距离之差。

②配支管。按量出支管的尺寸,减去灯叉弯的量,加工和调直管段,将灯叉弯两端头抹上铅油麻丝,装好活接头,连接散热器。

③检查安装后的支管的坡度和距墙的尺寸,复查立管及散热器有无移位。

上述管道系统全部安装之后,即可按规定进行系统试压、防腐、保温等项的施工。

2. 采暖散热器安装

散热器是将采暖管道中流动的热水或蒸汽的热量传递给房

间室内空气的一种设备，它使室内温度升高，从而满足人们工作和生活的需要。

(1)散热器的种类。

散热器的种类很多，常用的散热器有铸铁散热器、钢制散热器、铝制散热器和双金属复合散热器等。

①铸铁散热器结构简单，耐腐蚀，使用寿命长，造价低，但承压能力低，金属耗量大，安装运输不方便；

②钢制散热器金属耗量小，占地面积小，承压能力高，但容易腐蚀，使用寿命短；

③铝制、铜(钢)铝复合型散热器均为辐射型散热器，具有结构紧凑、工艺先进、承压高、重量轻、功能与装饰效果统一的特点，符合建筑节能的要求。

(2)散热器的组对。

散热器一般采用明装，对房间装修和卫生要求较高时可以暗装，但会影响散热器的放热效果，从而不利于节能。如确需暖气罩来美化居室，可以将活动的百叶窗框罩倒置过来，使百叶翅片朝外斜向，有利于热空气顺畅上升，提高室内温度。此外，最近的实验结果证明，散热器表面改变传统的表面涂银粉漆的做法，采用其他各种颜色，如浅蓝漆等非金属涂料，可提高散热器的辐射换热比例。

①铸铁散热器(柱型、长翼型等)是由散热器片通过对丝组合而成。对丝见图 2-49，它的一头为正螺纹，另一头是反螺纹，组成一组散热器。所用的材料见表 2-20。

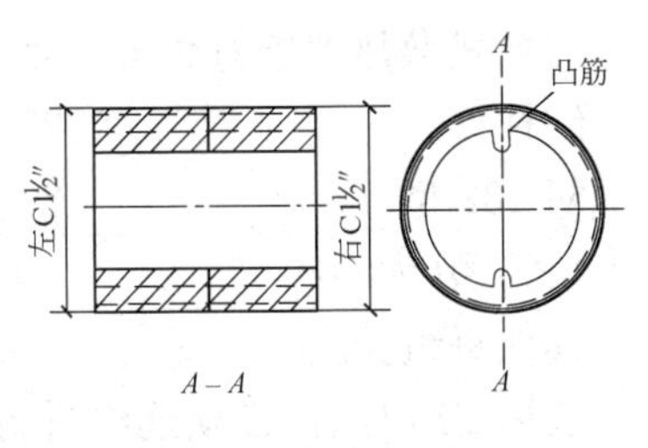

图 2-49　散热器对丝

表 2-20　　散热器组对材料

材料名称	规格	单位	数量
散热器片	按设计图纸	片	n
散热器对丝	$DN32$	个	$2(n-1)$
散热器内外丝	$DN32\times\begin{cases}15\\20\\25\end{cases}$	个	2
散热器丝堵	$DN32$	个	2
散热器垫圈	$DN32$	个	$2(n+1)$

②散热器组对前应检查其有无裂纹、蜂窝、砂眼，连接内螺纹是否良好，内部是否干净。然后除锈，清刷对口。将检查合格的散热器片刷一道防锈漆，按正扣一面朝上排列堆放备用。

③组对时，摆好第一片，将正扣向上，先将对丝拧入1～2扣，放上垫圈，用第二片的反扣对第一片，用对丝钥匙插入丝孔内，将钥匙卡住，先逆时针慢慢退出对丝，再顺时针拧对丝，待上下两个对丝全入扣时，上下同时并进，缓慢用力拧紧对丝口，直至衬垫挤出油。如此一片连一片操作到设计所需的一组散热器片数。

④四柱散热器组两端必须配有带柱足的散热器片，超过 15 片时，中间再加一足片。

⑤片式散热器组对数量一般不宜超过下列数值：

细柱型　　25 片

M-132 型　　20 片

长翼型(大 60)　　6 片

其他每组长度　　1.6m

散热器组对后，必须逐组进行水压试验，合格后才能安装。散热器的水压试验连接，见图2-50。试验压力应符合表 2-21 的规

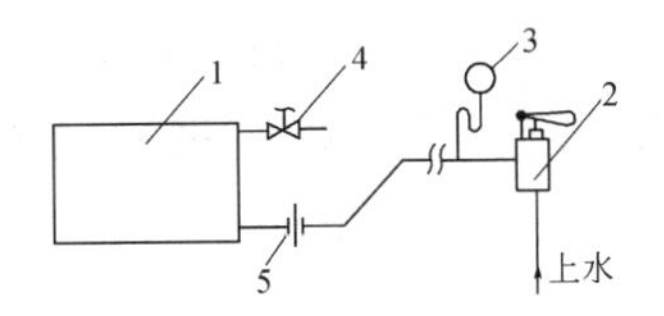

图 2-50 散热器水压试验装置

1—散热器；2—手压泵；3—压力表；
4—排气阀；5—活接头

定，试验时间应为 2～3min，以不渗不漏为合格。将试验合格的散热器喷刷防锈漆一道，运至现场待安装。

表 2-21 散热器的试验压力 (单位：MPa)

散热器型号	铸铁型		扁管型		板式	串片式	
工作压力	≤0.25	>0.25	≤0.25	>0.25	—	≤0.25	>0.25
试验压力	0.4	0.6	0.6	0.8	0.75	0.4	1.4

(3)柱式散热器安装。

按设计图纸所标明的规格片数，将各房间散热器的托钩、托架及卡子找准位置，安装牢固。

①散热器一般安装在外窗台下，散热器安装应在墙灰抹好并栽好散热器托钩和卡件以后进行，铸铁片散热器安装及卡子、托钩位置见图 2-51 和图 2-52。

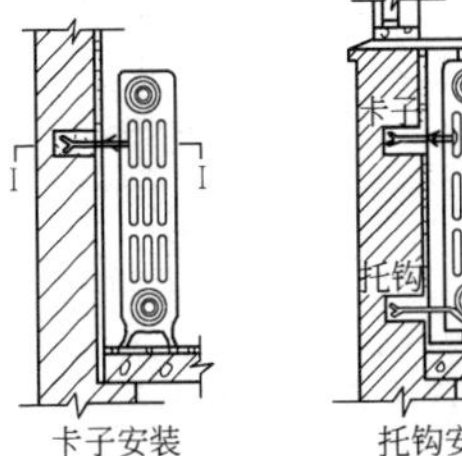

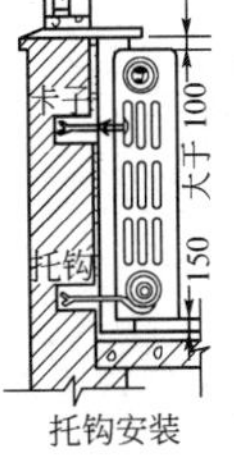

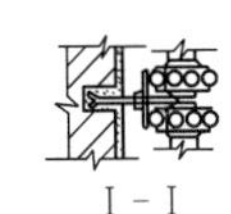

图 2-51 散热器安装(单位：mm)

②为减少栽托钩的工程量，可以选用一种带扣的托钩。图2-53是一种带扣膨胀式托钩，膨胀螺栓的规格为 M12mm×75mm。墙体钻孔使用冲击式电锤，钻头直径应与膨胀螺栓大小配套，采用 $\phi16$ 或 $\phi16.5$ 的钻头。

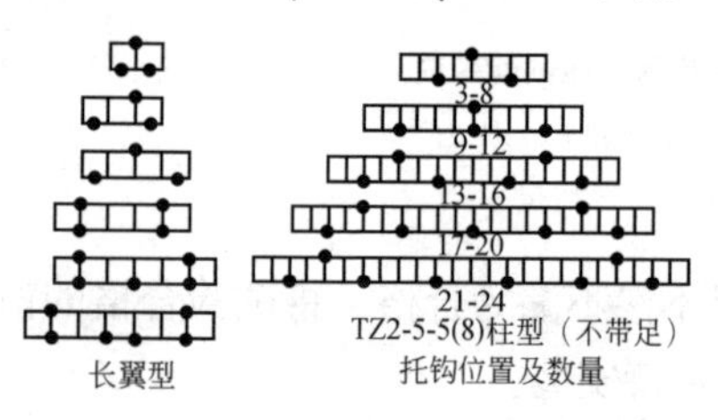

图 2-52 铸铁片散热器卡子、托钩位置

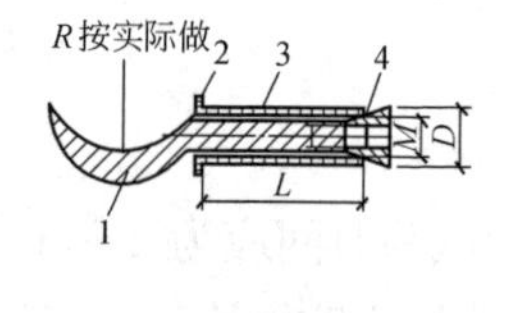

图 2-53 暖气片托钩

1—托钩；2—挡圈；

3—开口套管；4—螺栓

③如果要在阳台、厨房间安装散热器，与散热器连接的水平支管的固定就比较困难，因为阳台和厨房的窗下墙一般是用厚度为 60mm 的预制钢筋混凝土栏板焊接成的，托钩或托卡不易锚固好。此时，可用如图 2-54 的托架来支托水平支管，达到固定的目的。

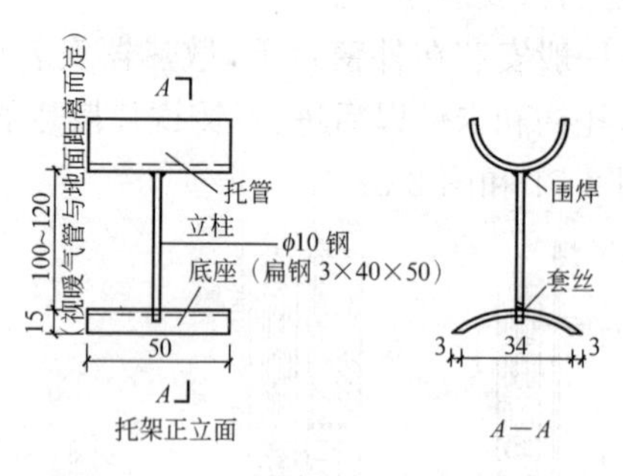

图 2-54 暖气管托架（单位：mm）

④散热器安装应正面水平，侧面垂直，安装时的允许偏差应符合表2-22的规定；中心与墙表面间距离应符合表2-23规定。

表2-22　散热器安装允许偏差　(单位:mm)

项目	允许偏差	检验方法
散热器背面与墙内表面距离	3	尺量
窗中心线或设计定位尺寸	20	尺量
散热器垂直度	3	吊线和尺量

表2-23　散热器离墙的距离　(单位:mm)

散热器型号	60	M—132/150	四柱	圆翼	扁管、板式(外沿)	串片	
						平放	竖直
中心距墙表面距墙	115	115	130	115	30	内表面距离表面30mm左右	

⑤散热器安装时正螺纹方向应置于进水方向。散热器安装完以后，再安装连接散热器的支管，使散热器与管道形成一个整体，见图2-55，为热水采暖同侧连接的两组散热器。支管连接时，应注意朝水流方向有1%的坡度。

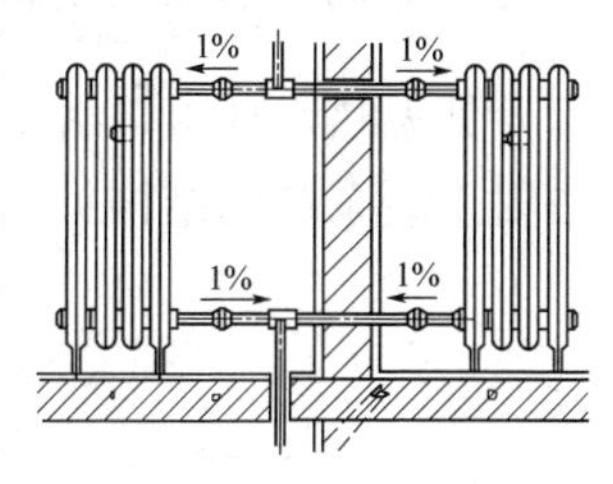

图2-55　散热器与支管的连接

(4)铜(钢)铝复合散热器安装。有热塑膜包装的散热器在安装时不要揭下，待使用时再揭下热的塑膜，以免损伤散热器。安装时，散热器底部距地面100～150mm，用固定架固定，每台四个，上二下二。

进出水管与散热器进出水口一定要对正连接。首先将锁紧螺母套入进出水管，螺口朝向散热器，再将活管口与水管连接紧密，把密封垫套在活管口的止口内，最后将锁紧螺母与散热器的水管连接紧密。锁紧时避免活管口转动，以免密封垫搓动。其安装简图见图 2-56。

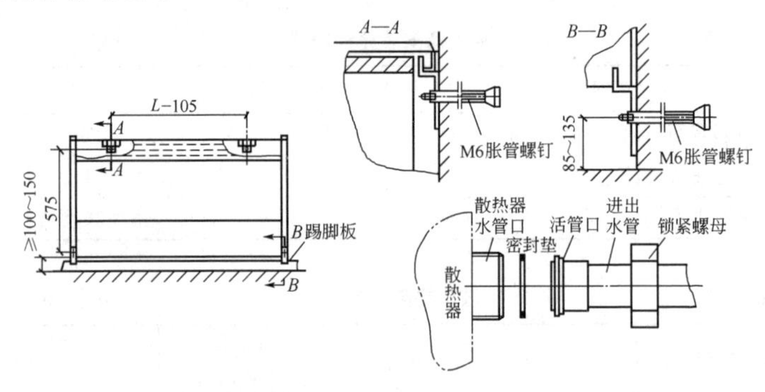

图 2-56 TLD 型散热器安装简图(单位：mm)

3. 低温热水地板辐射采暖系统安装

低温热水地板辐射采暖是一种舒适、节能的采暖方式，地板辐射采暖系统的结构见图 2-57、图 2-58。

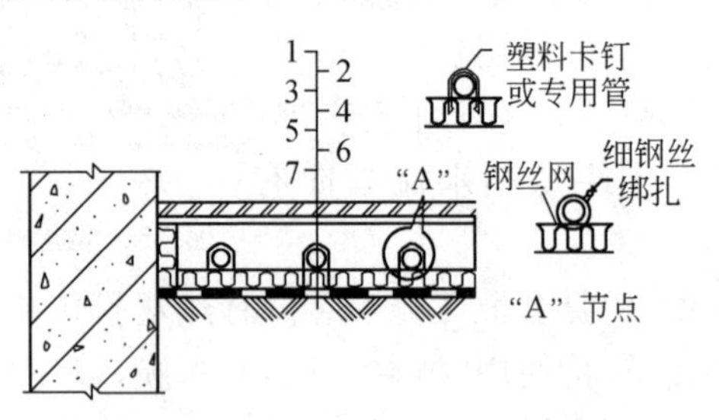

图 2-57 地面层辐射采暖地板的构成

1—地面层；2—找平层；3—填充层；4—加热管；5—热绝缘层；6—防潮层；7—土壤(楼板)

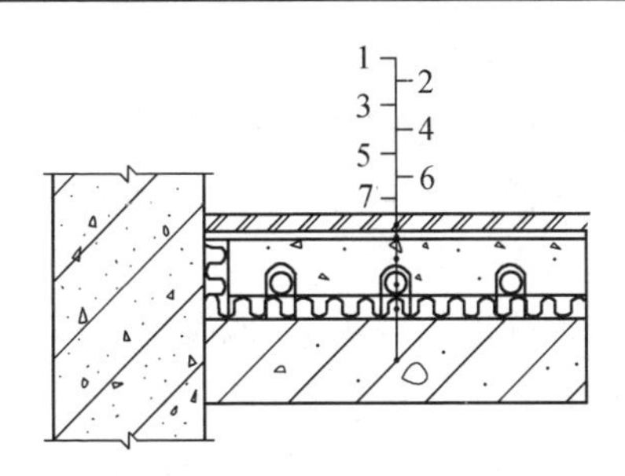

图 2-58 楼层辐射采暖地板的构成

1—地面层；2—找平层；3—填充层；4—加热管；
5—热绝缘层；6—防潮层；7—土壤（楼板）

地板辐射采暖系统供水温度宜不大于 60℃，供回水温差宜不大于 10℃，系统工作压力不宜大于 0.8MPa。地板辐射加热管可选择采用铝塑（交联聚乙烯）复合（PEX-AL-PEX）管、交联聚乙烯（PEX）管、聚丁烯（PB）管或无规共聚聚丙烯（PP-R）管等。

加热管的管径和壁厚应符合设计要求，加热管的材质符合国家相关标准要求。

（1）楼地面基层清理。

凡采用地板辐射采暖的工程在楼地面施工时，必须严格控制表面的平整度，仔细压抹，其平整度允许误差应符合混凝土或砂浆地面要求。在保温板铺设前应清除楼地面上的垃圾、浮灰、附着物，特别是油漆、涂料、油污等有机物必须清除干净。

（2）绝热板材铺设。

①房间周围边墙、柱的交接处应设绝热板保温带，其高度要高于细石混凝土回填层。

②绝热板应清洁、无破损，在楼地面铺设平整、搭接严密。绝热板拼接紧凑，间隙为 10mm，错缝铺设，板接缝处全部用胶

带黏接,胶带宽度 40mm。

③房间面积过大时,以 6000mm×6000mm 为方格留伸缩缝,缝宽10mm。伸缩缝处,用厚度 10mm 绝热板立放,高度与细石混凝土层平齐。

(3)绝热板材加固层的施工(以低碳钢丝网为例)。

①钢丝网规格为方格不大于 200mm,在采暖房间满布,拼接处应绑扎连接。

②钢丝网在伸缩缝处不能断开,铺设应平整,无锐刺及跷起的边角。

(4)加热盘管敷设。

①加热盘管的布置形式,见图 2-59～图 2-60。

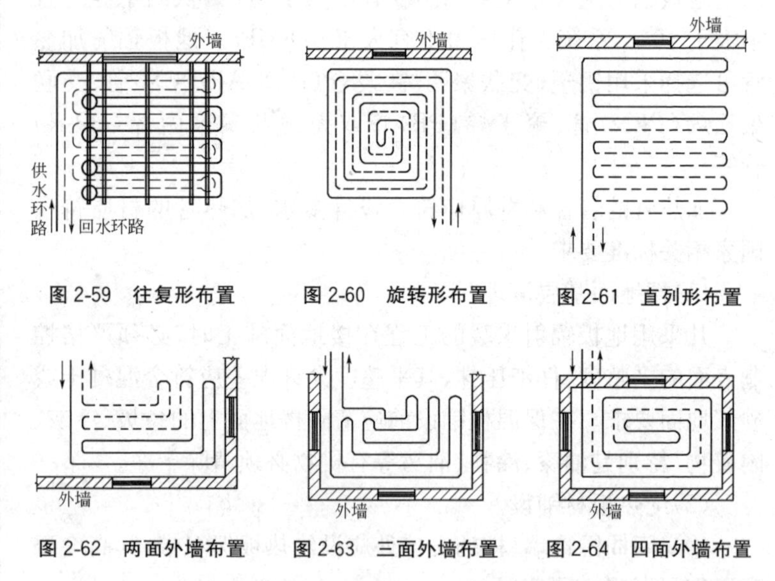

图 2-59　往复形布置　　图 2-60　旋转形布置　　图 2-61　直列形布置

图 2-62　两面外墙布置　　图 2-63　三面外墙布置　　图 2-64　四面外墙布置

②加热盘管在钢丝网上面敷设,管长应根据工程上各回路长度酌情定尺,一个回路尽可能用一盘整管,应最大限度地减小

材料损耗。填充层内不许有接头。

③按设计图纸要求，事先将管的轴线位置用墨线弹在绝热板上，抄标高、设置管卡，按管的弯曲半径不小于 10D(D 指管外径)计算管的下料长度，其尺寸偏差控制在±5%以内。必须用专用剪刀切割，管口应垂直于断面处的管轴线。严禁用电焊、气焊、手工锯等工具分割加热管。

④按测出的轴线及标高垫好管卡，用尼龙扎带将加热管绑扎在绝热板加强层钢丝网上，或者用固定管卡将加热管直接固定在敷有复合面层的绝热板上。同一通路的加热管应保持水平，确保管顶平整度为±5mm。

⑤加热管固定点的间距，弯头处间距不大于 300mm，直线段间距不大于 600mm。

⑥在过门、过伸缩缝、过沉降缝时，应加装套管，套管长度不小于 150mm。套管比盘管大两号，内填保温边角余料。

(5)分水器、集水器安装就位。

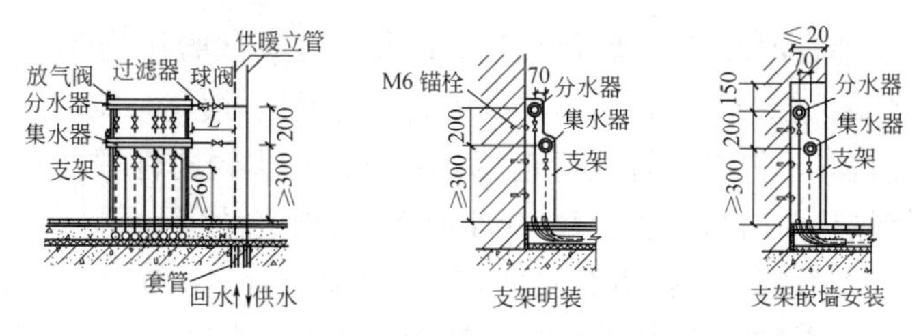

图 2-65　分、集水器安装(单位:mm)

①分、集水器安装(见图 2-65)可在加热管敷设前安装，也可在敷设管道回填细石混凝土后与阀门、水表一起安装。安装必须平直、牢固，在细石混凝土回填前安装须做水压试验。

②当水平安装时，一般宜将分水器安装在上，集水器安装在下，中心距宜为 200mm，且集水器中心距地面不小于 300mm。

③当垂直安装时，分、集水器下端距地面应不小于150mm。

④加热管始末端出地面至连接配件的管段，应设置在硬质套管内。加热管与分、集水器分路阀门的连接，应采用专用卡套式连接件或插接式连接件。

(6)细石混凝土层回填施工。

①在加热管系统试压合格后方能进行细石混凝土层回填施工。细石混凝土层施工应遵循土建工程施工规定，优化配合比设计，选出强度符合要求、施工性能良好、体积收缩稳定性好的配合比。建议强度等级应不小于C15，卵石粒径宜不大于12mm，并宜掺入适量防止龟裂的添加剂。

②浇筑细石混凝土前，必须将敷设完管道后的工作面上的杂物、灰渣清除干净(宜用小型空压机清理)。在过门、过沉降缝处、过分格缝部位宜嵌双玻璃条分格(玻璃条用3mm玻璃裁划，比细石混凝土面低1～2mm)，其安装方法同水磨石嵌条。

③细石混凝土在盘管加压(工作压力或试验压力不小于0.4MPa)状态下浇筑，回填层凝固后方可泄压，填充时应轻轻捣固，浇筑时不得在盘管上行走、踩踏，不得有尖锐物件损伤盘管和保温层，要防止盘管上浮，应小心下料、拍实、找平。

④细石混凝土接近初凝时，应在表面进行二次拍实、压抹，以防止顺管轴线出现塑性沉缩裂缝。表面压抹后应保湿养护14d以上。

(7)中间验收。

地板辐射采暖系统，应根据工程施工特点进行中间验收。中间验收过程，从加热管道敷设和热媒分、集水器装置安装完毕进行试压起至混凝土填充层养护期满再次进行试压止，由施工单位会同监理单位进行。

(8)水压试验。

浇捣混凝土填充层之前和混凝土填充层养护期满之后，应分别进行系统水压试验。水压试验应符合下列几点要求。

①水压试验之前，应对试压管道和构件采取安全有效地固定和养护措施。

②试验压力应为不小于系统静压加0.3MPa，但不得低于0.6MPa。

③冬季进行水压试验时，应采取可靠的防冻措施。

④水压试验步骤：

a.经分水器缓慢注水，同时将管道内空气排出。

b.充满水后，进行水密性检查。

c.采用手动泵缓慢升压，升压时间不得少于15min。

d.升压至规定试验压力后，停止加压1h，观察有无漏水现象。

e.稳压1h后，补压至规定试验压力值，15min内的压力降不超过0.05MPa、无渗漏为合格。

(9)调试。

①系统调试条件。供回水管全部水压试验完毕符合标准；管道上的阀门、过滤器、水表经检查确认安装的方向和位置均正确，阀门启闭灵活；水泵进出口压力表、温度计安装完毕。

②系统调试。热源引进到机房通过恒温罐及采暖水泵向系统管网供水。调试阶段系统供热温度起始温度为常温25～30℃范围内运行24h，然后缓慢逐步提升，每24h提升不超过5℃，在38℃恒定一段时间，随着室外温度不断降低再逐步升温，直至达到设计水温，并调节每一通路水温达到正常范围。

(10)竣工验收。

符合以下规定，方可通过竣工验收。

①竣工质量符合设计要求和施工验收规范的有关规定。

②填充层表面不应有明显裂缝。

③管道和构件无渗漏。

④阀门开启灵活、关闭严密。

4. 采暖系统主要辅助设备安装

为了保证采暖系统的正常运行，调节维修方便，必须设置一些附属设备，如集气罐、膨胀水箱、阀门、除污器、疏水器等。其中阀门、疏水器等器具的安装另述，下面主要介绍集气罐、膨胀水箱、除污器等的安装。

(1)集气罐。

集气罐有两种，一种是自动排气阀，靠阀体内的启闭机构达到自动排气的作用。常用的几种见图 2-66，安装时应在自动排气阀和管路接点之间装个阀门，以便维修更换。另一种是用4.5mm的钢板卷成或用管径 100～250mm 钢管焊成的集气罐，见图 2-67，在放气管的末端装有阀门，其位置要便于使用。

(2)膨胀水箱。

膨胀水箱的作用是容纳热水采暖系统中水受热膨胀而增加的体积。膨胀水箱和系统的连接点，在循环水泵无论运行与否时都处于不变的静水压力下，该点称为供暖系统的恒压点。恒压点对系统安全运行起着很重要的作用。

膨胀水箱有方形和圆形两种。膨胀水箱上有 5 根管，即膨胀管、循环管、溢流管、信号管(检查管)及泄水管(排水管)，见图 2-68。施工安装时，各管子的规格按设计要求施工，设计无规定时，可参照表 2-24 施工。

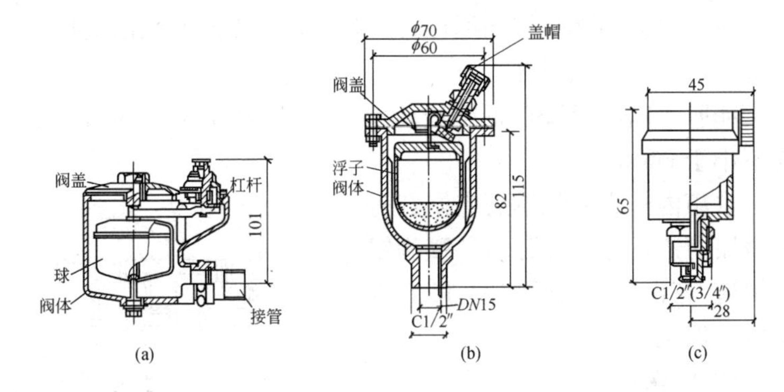

图 2-66　自动排气阀(单位:mm)

(a)P21T-4 型立式自动排气阀;(b)PQ-R-S 型自动排气阀;

(c)ZF88-1 型立式自动排气阀

表 2-24　　接管管径尺寸表　(单位:mm)

编号	名称	型号	
		1～8 号	9～12 号
1	信号管	DN20	DN20
2	溢流管	DN50	DN70
3	排水管	DN32	DN32
4	循环管	DN20	DN25
5	膨胀管	DN40	DN50

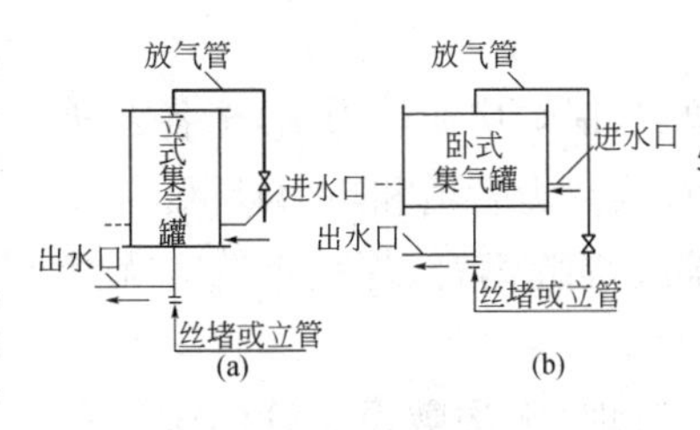

图 2-67　集气罐

(a)立式;(b)卧式

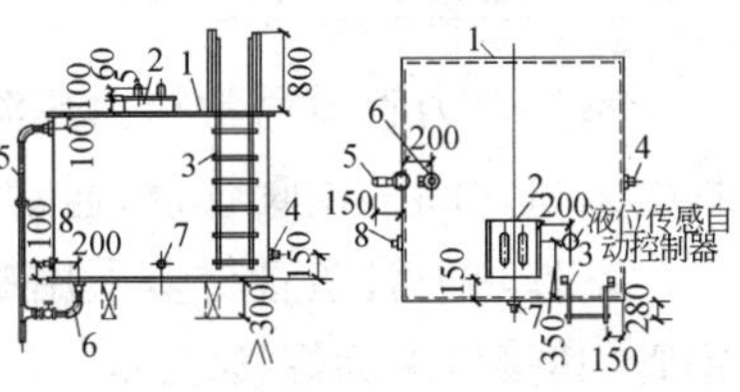

图 2-68　方形膨胀水箱

1—箱体;2—人孔;3—外人梯;

4—信号管;5—溢流管;6—排水管;

7—循环管;8—膨胀管

膨胀水箱的膨胀管和循环管一般连接在循环水泵前的回水总管上,并不得安装阀门。

膨胀水箱应设置在系统最高处,水箱底部距系统的最高点应不小于 600mm。

水箱内外表面除锈后应刷红丹防锈漆两道,在采暖房间,外壁刷银粉两道,若设在不采暖房间,膨胀水箱应做保温。

(3)除污器。

除污器常设在用户引入口和循环水泵进口处。除污器可自制,上部设排气阀,底部装有排污丝堵(排污阀),定期排除污物。安装时要注意方向,并设旁通管,在除污器及旁通管上,都应装截止阀,除污器一般用法兰与管路连接,见图 2-69。

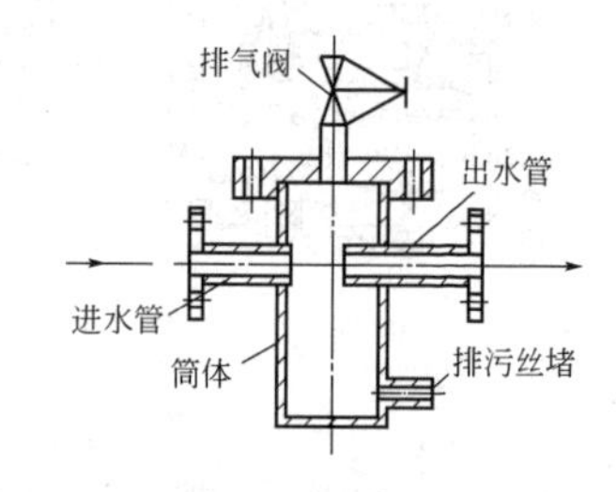

图 2-69　除污器

除污器的型式有立式和卧式两种,由筒体、过滤网、排气管及阀门、排污管或丝堵构成。其中过滤网脏了可以取出,清洗后再用。

5. 室外热力管道安装

室外热力管道通常指由热源点(锅炉房或热力站)至各建筑物引入口之间的供暖管道,通常称为热力管道和热力管网。

室外热力管道管材多采用螺纹焊缝钢管、焊缝钢管和无缝钢管,其接口多为焊接。

室外热力管道的敷设方法有直埋(无沟敷设)、管沟敷设和架空敷设三种方式,各有其特点,但又有其共同规律。

(1)直埋式热力管道安装。

①直埋供暖管道。一般由三部分组成,即钢管、保温层、保

护层，这三部分是紧密地黏在一起的整体。保温材料要求导热系数小，有一定机械强度，吸水率低和一定的干容重，多用聚氨酯硬质泡沫塑料做保温材料。

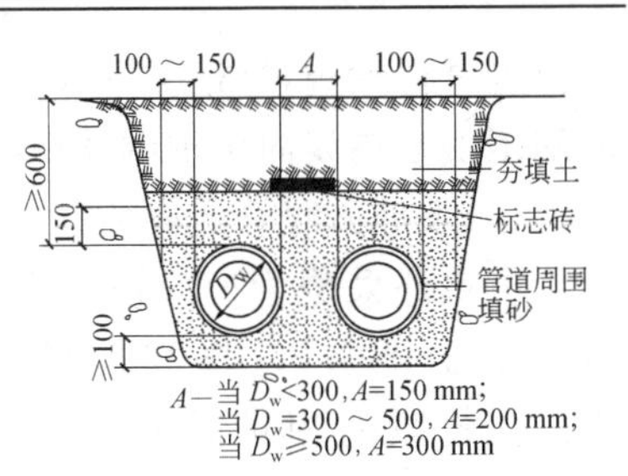

图2-70　直埋供暖管道埋设要求示意图(单位：mm)

②直埋管的敷设。可按图2-70回填，使管身落在均匀基层。

(2)管沟内敷设热力管道。

①管沟内敷设热力管道的施工过程有许多工序与直埋法及室内采暖管道安装类似。

②管沟内敷设可分为通行地沟敷设、半通行地沟敷设和不通行地沟敷设三种。

③地沟应能保护管道不受外力作用和水的侵袭，保护管道的保温结构允许管道自由伸缩。地沟盖板覆土深度不宜小于0.2m，盖板应有1%～2%的横向坡度，地沟底部宜设不小于0.2%的纵向坡度。

(3)架空管道安装。

①室外采暖管道架空敷设，就是将管道架设在地面的支架上或敷设在墙壁的支架上。

②架空敷设的支架按其制作材料可分为砖砌支架、钢筋混凝土支架、钢支架等，一般用钢筋混凝土支架较多。

③架空敷设多用于工厂区内，其特点是管道露于室外。

④按照支架的高低可分为低支架、中支架和高支架3种型式。

⑤管道安装前，要对支架的稳固性、标高以及在地面上的坐

标位置进行检查，严格保证管路的设计坡度，决不允许由于支架的施工安装错误而出现倒坡现象。

(4)室外采暖管道安装。

①室外采暖管道应设坡度，目的在于排水、放气和排凝结水。在管段的相对低位点设泄水阀，在管段的相对高位点设放气阀，见图 2-71。蒸汽管进行水压试验的临时放气孔，在试压完毕后焊死。

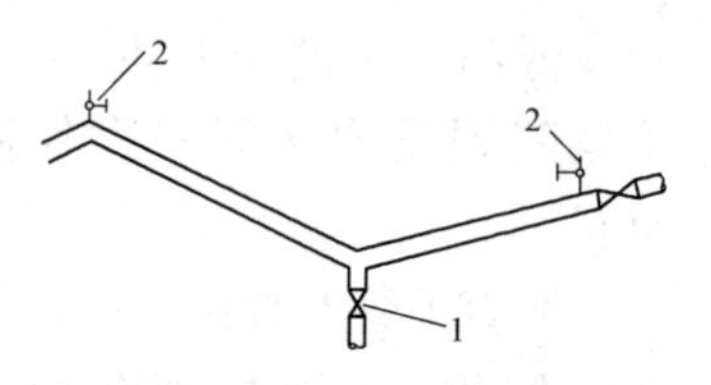

图 2-71 放气和泄水装置

1—泄水阀；2—放气阀

热水管道、凝结水管道、汽水同向流动的蒸汽管道应有 0.2%～0.3%的坡度，汽水逆向流动的蒸汽管道至少有 0.5%的坡度，靠重力回水的凝结水管道应有 0.5%的坡度。

②在管道安装施工中，一般遵循下列原则：小口径管道让大口径管道、无压管道让有压管道、低压管道让高压管道。

③热水管道一般把供水管敷设在其前进方向的右侧，回水管设在左侧；蒸汽管敷设在其前进方向的右侧，凝结水管设在左侧。

④水平管道的变径宜采用偏心异径管(偏心大小头)。对蒸汽管道大小头的下侧取平，以利排水；对热水管道，大小头的上侧应取平，以利排气。

⑤蒸汽支管从主管上接出时，支管应从主管的上方或两侧接出，以免凝结水流入支管。

⑥在采暖管道上的适当位置应设置阀门、检查井与检查平台，以便于维修管理。

⑦采暖管道安装完毕后，必须进行强度和严密性试验，合格后，进行保温处理。

(5)伸缩器安装。

为减少并释放管道受热膨胀时所产生的应力,需在管路上每隔一定的距离设置一个热膨胀的补偿装置,这样就使管子有伸缩余地而减少热应力。管道的补偿器可分为自然补偿器和专用补偿器两大类。自然补偿器常见的有L形和Z形弯管。

在管道施工中,首先应考虑利用管弯曲的自然补偿,当管内介质温度不超过80℃时,如管线不长且支吊架配置正确,那么管道长度的热变化可以其自身的弹性予以补偿,这是自行补偿的最好办法。专用补偿器有方形补偿器、套筒补偿器、波形补偿器等。

①方形补偿器:方形补偿器又称U形补偿器,也叫方胀力,广泛用于碳钢、不锈钢、有色金属和塑料管道,适应于各种压力和温度。方形补偿器由四个90°弯管组成,其常用的四种类型,见图2-72,其安装要点有以下几点。

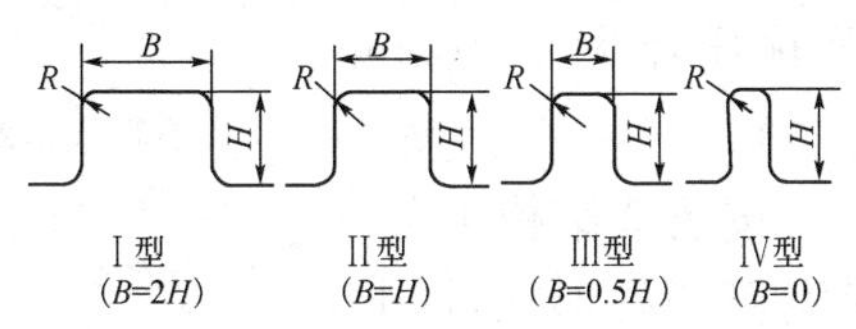

图2-72　方形补偿器类型

a.安装前,先检查伸缩器加工是否符合设计尺寸,伸缩器的三个臂是否在一个水平面,用水平尺检查、调整支架,使伸缩器位置、标高、坡度符合设计要求。

b.安装时,应将伸缩器预拉伸,预拉伸量为热伸长量的1/2,拉伸方法可用拉管器或用千斤顶撑开伸缩器两臂。

c.预拉伸的焊口,应选在距伸缩器弯曲起点2～2.5m处为宜,不得过于靠近伸缩器,冷拉前应检查冷拉焊口间隙是否符合冷拉值。

d. 水平安装时应与管道坡向一致；垂直安装时，高点设排气阀，低点设泄水阀。

e. 弯制方形伸缩器，应用整根管弯制而成，如需设接口，其接口应设在直臂中间。

f. 补偿器两侧的第一个支架宜设在距补偿器弯头的弯曲起点0.5～1m处，支架应为活动支架。

安装补偿器应当在两个固定支架之间的其他管道安装完毕时进行。

②波形补偿器：波形补偿器是一种新型伸缩器，靠波形管壁的弹性变形来吸收热胀或冷缩达到补偿目的，见图2-73。波形补偿器多用于工作压力不超过0.7MPa、温度为−30～450℃、公称通径大于100mm的管道上。

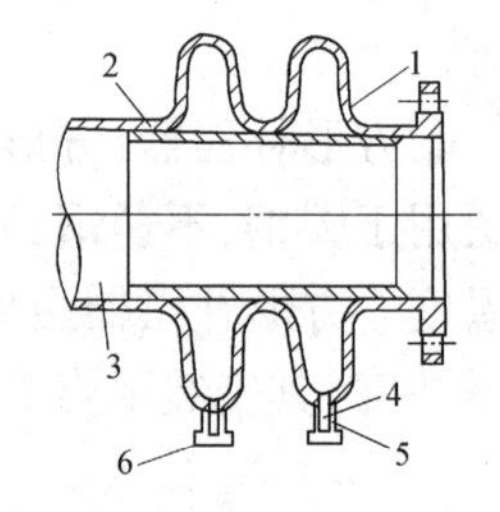

图 2-73　波形补偿器

1—波形节；2—套筒；3—管子；4—疏水管；5—垫片；6—螺母

波形补偿器按波节结构可分为带套筒和不带套筒两种形式，因此，安装时要注意方向。伸缩节内的衬套与管外壳焊接的一端，应朝向坡度的上方，以防冷凝水大量流到波形皱褶的凹槽里。安装前先了解出厂时是否已做预拉伸，若未做应在现场做预拉伸。安装时，应设临时固定，待管道安装固定后再拆除。吊装波形补偿器要注意不能把吊索绑在波节上，水平安装时，应在每个波节的下方边缘安装放水阀。

在管道进行水压试验时，要将波形补偿器夹牢，不让其有拉长的可能，试压时不得超压。

③套管式补偿器：套管式补偿器又名填料式补偿器，有铸铁

和钢质两种，常用的套管式补偿器的补偿量为 150～300mm。

铸铁套管式补偿器用法兰与管道连接，只能用于公称压力不超过 1.3MPa、公称通径不超过 300mm 的管道。钢质套管式补偿器有单向和双向两种形式，见图2-74，它是由外套管、导管、压盖和填料组成。工作时，由导管和套管之间产生相对滑动来达到补偿管道热胀冷缩的目的。钢质套管式补偿器可用于工作压力不超过1.6MPa的蒸汽管道和其他管道。

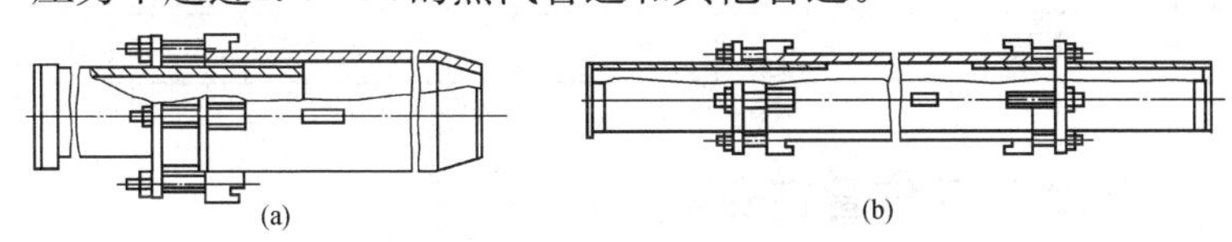

图 2-74　钢质填料式补偿器

(a)单向填料式补偿器；(b)双向填料式补偿器

套管式补偿器安装要点：

a. 安装前，先将伸缩器的填料压盖松开，将内套管(导管)拉出预拉伸的长度，然后再将填料压盖拧紧。

b. 安装管道时，应预留出伸缩器长度，并在管道端口处焊接法兰盘，其法兰相互匹配，接触面相互平行垂直。

c. 伸缩器的填料，应采用涂有石墨粉的石棉绳或浸过机油的石棉绳；压盖松紧程度在试运行时进行调整，使用中经常更换填料，以保证封口严密。

d. 伸缩器安装位置，应遵照产品说明书设置，若无规定，一般将套管一端与固定支架管端连接，导管和另一端管道连接。

套管式补偿器主要用在安装方形补偿器有困难的地方，对于不能随时检修的管路不能使用。直线管路较长，须设置多个补偿器时，最好采用双向补偿器。

两个固定支架之间必须要有一个补偿器，固定支架的设置不得超过其最大间距的要求，见表 2-25。

表 2-25　固定支座(支架)最大间距表　(单位:mm)

补偿器类型	敷设方式	公称直径 *DN*													
		25	32	40	50	65	80	100	125	150	200	250	300	350	400
方形补偿器	地沟与架空敷设	30	35	45	50	55	60	65	70	80	90	100	115	130	145
	直埋敷设			45	50	55	60	65	70	70	90	90	110	110	110
套管型补偿器	地沟与架空敷设								50	55	60	70	80	90	100
	直埋敷设								30	35	50	60	65	65	70

十、消防系统管道安装

1. 消防水灭火系统

消防水灭火系统分类及适用范围见表 2-26。

表 2-26　消防水灭火系统分类及适用范围

类型	灭火系统	适用范围
消防水灭火系统	消火栓系统	适合工业建筑、民用建筑、地下工程等,应用广泛。按国家规范、标准要求进行设置
	自动喷水灭火系统	在一些功能齐全、火灾危险大、高度较高、标准高的民用建筑,以及一些火灾危险性大的工业建筑、库房内设置,国家有强制性标准要求,必须保证施工质量
	水喷雾灭火系统	用于扑救固体火灾,闪点高于 60℃的液体火灾和电气火灾,以及可燃气体和甲、乙、丙类液体的生产、储存装置或装卸设施的防护冷却,如液化石油气储罐站等
	水幕系统	建筑物采用水幕分隔,如防火间距过小处或舞台常用,与自动喷水系统一样,要求施工质量高
	蒸汽灭火系统	用于企业有蒸汽源的燃油锅炉房、油泵房、重油储罐区,火灾危险性较大的石油化工露天生产装置等场合

2.消防系统安装

(1)消防管道安装。

①供水干管若设在地下时,应检查挖好的地沟或砌好的管沟须满足施工安装的要求。

②按不同管径的规定,设置好需用的支座或支架,依设计埋深和坡度要求,确定各点支座(架)的安装标高。

③由供水管入口处起,自前而后逐段安装,并留出各立管的接头。

④管子在隐蔽前应先做好试压,再进行防腐与隔热施工。

⑤对干管设在顶层吊顶内时,施工顺序与前述相同,只是安装时由上而下逐层进行。

⑥各分支立管安装是由下而上或由上而下逐层进行,并按设计要求的位置与标高,留出各层水平支管的接头。

⑦各层消防设施与各层水平支管连接。

⑧各层消防管道施工安装后,应按设计要求或施工验收规范的规定,进行水压试验和气密性试验,并填写试验记录,存入工程技术档案。

(2)室内消火栓。

室内消火栓有明装、暗装、半暗装三种,明装消火栓是将消火栓箱设在墙面上,暗装或半暗装是将消火栓箱置于预留的墙洞内。

①先将消火栓箱按设计要求的标高,固定在墙面上或墙洞内,要求横平竖直固定牢靠,对暗装的消火栓,应将消火栓箱门预留在装饰墙面的外部。

②对单出口的消火栓、水平支管,应从箱的端部经箱底由下而上引入,消火栓中心距地面 1.1m,栓口朝外与墙成 90°角(乙

型)或出水方向向下(甲型)。

③对双出口消火栓,有甲、乙、丙型三种安装方式,其安装尺寸按设计或标准规定进行。

④将按设计长度截好的水龙带与水枪、水龙带接扣组装好,并将其整齐地折挂或盘卷在消火栓箱的挂架上。

⑤消防卷盘包括小口径室内消火栓(*DN*25 或 *DN*32)、输水胶卷、小口径开关水枪和转盘整套消防卷盘可单独放置,一般与普通消火栓组合成套配置。

(3)消防水泵接合器。

消防水泵接合器与室内、外消火栓的安装工艺基本相同,简述如下几点。

①开箱检查水泵接合器、室外消火栓的各处开关是否灵活、严密、吻合,所配附属设备配件是否齐全。

②室外地下消火栓、地下接合器应砌筑消火栓和接合器井,地上消火栓和接合器应砌筑闸门井。在路面上,井盖上表面同路面相平,允许±5mm 偏差,无正规路面时,井盖高出室外设计标高 50mm,并应在井口周围以2‰的坡度向外做护坡。

③消火栓、接合器与主管连接的三通或弯头均应先稳固在混凝土支墩上,管下皮距井底不应小于 0.2m,消火栓顶部距井盖底面,不应大于 0.4m,若超过0.4m应加设短管。

④按标准图要求,进行法兰阀、双法兰短管及水龙带接口安装,接出直管高于 1m 时,应加固定卡子一道,井盖上应铸有明显的“消火栓”和“接合器”字样。

⑤室外地上消火栓和接合器安装,接口(栓口)中心距地高为 700mm,安装时应先将接合器和消火栓下部的弯头安装在混凝土支墩上,安装应牢固。对墙壁式消火栓和接合器,如设计未要求,进出口栓口的中心安装高度距地面应为 1.10m,其上方应

设有防坠落物打击的措施。

⑥安装开、闭阀门，两者距离不应超过2.5m。

⑦地下式安装若设阀门井，须将消火栓、接合器自身放水口堵死，在井内另设放水门，且阀门井盖上标有消火栓、接合器字样。

⑧水泵接合器的安全阀、止回阀安装位置和方向应正确、阀门启闭应灵活。

⑨各零部件连接及与地下管道连接均应严密，以防漏水、渗水。管道穿过井壁处，应严密不漏水。

⑩安装完后，应按设计要求或质量验收规范规定进行试压。

⑪在码头、油田、仓库等场所安装室外地下消火栓时，除应有明显标志外，还应考虑在其附近配有专用开井、开枪等工具，消火栓连接器和消防水带等器材的室外消火栓箱，以便使用。

3. 自动喷水系统安装

(1)管网安装。

自动喷水系统管道安装工艺同消火栓管道，此外，施工中还应满足下列几点要求。

①管道安装位置应符合设计要求，若设计无要求时，管道中心线与梁、柱、楼板等的最小距离应符合表2-27规定。

表2-27 管道中心线与梁、柱、楼板最小距离

公称直径/mm	25	32	40	50	65	80	100	125	150	200
距离/mm	40	40	50	60	70	80	100	125	150	200

②支、吊架距离应不大于表2-28的规定。

表2-28 管道支、吊架间距

公称直径/mm	25	32	40	50	65	80	100	125	150	200	250	300
距离/m	3.5	4.0	4.5	5.0	6.0	8.0	8.5	7.0	8.0	9.5	11.0	12.0

③支、吊架、防晃支架的形式、材质、加工尺寸及焊接质量等符合设计要求和国家现行有关标准的规定。

④支、吊架的位置不应妨碍喷头的喷水效果，且与喷头的间距不宜小于300mm，与末端喷头之间距离不宜大于750mm。

⑤配水支管上每一直管段、相邻两喷头间的管段上设置吊架均不宜少于一个，若两喷头相距小于1.8m时，可隔段设吊架，但吊架间距不宜大于3.6m。

⑥公称直径等于或大于50mm时，每段配水干管或配水管设防晃支架不应小于一个，当管道改变方向时，应增设防晃支架。

⑦竖直安装的配水干管应在其始端和终端设防晃支架或采用管卡固定，安装位置距地面或楼面的距离宜为1.5～1.8m。

⑧管道变径宜用异径接头，弯头处不得采用补芯，当采用补芯时，三通上可用1个，四通上不应超过两个。公称直径大于50mm的管道上不宜用活接头。

⑨管道穿变形缝时，应设柔性短管。穿过墙体或楼板时应加设套管，套管不得小于墙厚，或应高出楼面或地面50mm；管道焊接环缝不得在套管内，套管与管道间隙应采用不燃烧材料填塞密实。

⑩管道横向安装宜设2‰～5‰的坡度，且应坡向排水管。

(2)喷头安装。

①喷头安装应在系统试压、冲洗合格后进行，并宜采用专用的弯头和三通，安装时，不得对喷头进行拆装、改动，并严禁给喷头附加任何装饰性涂层，应使用专用扳手安装，严禁利用喷头的框架施拧。

②喷头框架、溅水盘产生变形或释放原件损伤时，应采用规格型号相同的喷头更换；当喷头公称直径小于10mm时，应在配

水干管或支管上加设过滤器；安装在易受机械损伤处的喷头应设防护罩；喷头溅水盘与吊顶、门、窗、洞口或墙面的距离应符合设计要求，当溅水盘高于附近梁底或高于宽度小于1.2m的通风管道腹面时，溅水盘高于梁底、通风管腹面的最大垂直距离应符合表2-29规定。

表2-29　喷头安装最大垂直距离

喷头与梁、通风管道的水平距离/mm	喷头溅水盘高于梁底、通风管道腹面的最大垂直距离/mm
300～600	25
600～750	75
750～900	75
900～1050	100
1050～1200	150
1200～1350	180
1350～1500	230
1500～1680	280
1680～1830	360

③若通风管宽大于1.2m时，喷头应安装在其腹面以下部位，喷头安装在不到顶的隔断附近时，喷头与隔断的水平距离和最小垂直距离应符合表2-30规定。

表2-30　喷头与隔断的水平距离和最小垂直距离

水平距离/mm	150	225	300	375	450	600	750	>900
最小垂直距离/mm	75	100	150	200	236	313	336	450

(3)报警阀组安装。

①应先安装水源控制阀、报警阀，然后再进行报警阀辅助管

道的安装。水源控制阀、报警阀与配水干管的连接，应使水流方向一致。报警阀组安装的位置应符合设计要求；当设计无要求时，报警阀组应安装在便于操作的明显位置，距室内地面高度宜为1.2m；两侧与墙的距离不应小于0.5m；正面与墙的距离不应小于1.2m。安装报警阀组的室内地面应有排水设施。

②报警阀组附件的安装应符合下列要求：

压力表应安装在报警阀上便于观测的位置；

排水管和试验阀应安装在便于操作的位置；

水源控制阀安装应便于操作，且应有明显开闭标志和可靠的锁定设施。

③湿式报警阀组安装应符合下列要求：

应使报警阀前后的管道中能顺利充满水，压力波动时水力警铃不应发生误报警；

报警水流通路上的过滤器应安装在延迟器前，而且是便于排渣操作的位置。

④干式报警阀组的安装应符合下列要求：

应装于不发生冰冻的场所；安装完后应向报警阀气室注入高度为50～100mm的清水；

充气连接管接口应在报警阀气室充注水位以上部位，且连接管直径不小于15mm，并装止回阀和截止阀；

安全排气阀安在气源与报警阀之间，且靠近报警阀；

加速排气装置装在靠近报警阀处，并有防水进入加速排气装置的措施；

低气压预报警装置装在配水干管一侧；

压力表应安装于报警阀充水侧、充气侧、空气压缩机气泵、储气罐和加速排气装置上。

⑤雨淋阀组安装应符合下列要求：

电动开启、传导管开启或手动开启的雨淋阀组，其传导管安装应按湿式系统有关要求进行；开启控制装置的安装应安全可靠。

预作用系统雨淋阀组后的管道若要充气，其安装要求按干式报警阀组有关要求进行。

雨淋阀组的观测仪表和操作阀门安装位置应符合设计要求，并应便于观测和操作。

手动开启装置的位置应符合设计要求，并在发生火灾时能安全开启和便于操作。

压力表应装于雨淋阀的水源一侧。

(4)其他组件安装

①水力警铃应装在公共通道或值班室附近的外墙上，并装有检修、测试用阀门，与报警阀的连接用镀锌钢管，若直径为15mm时，长度不大于6m；若直径为20mm时，长度不大于20m，安装后的水力警铃启动压力不小于0.05MPa。

②安装水流指示器应满足下列要求：应在管道试压和冲洗合格后安装，其规格、型号应符合设计要求；应竖直安装在水平管道上侧，动作方向应与水流方向一致，安装后其桨片、膜片应动作灵活，且不与管壁碰擦。

③信号阀应装在指示器前的管道上，与指示器相距在300mm以上。

④排气阀在管网试压和冲洗合格后安装，位于配水干管顶部、配水管的末端，并确保无渗漏。

⑤控制阀规格、型号和所装位置应符合设计要求，且方向正确，阀内清洁、无堵塞、无渗漏；主控阀应加设启闭标志；隐蔽处的控制阀应在明处设有指示其位置的标志。

⑥节流装置应设在直径50mm以上的水平管上；减压孔板

应装在管内水流转弯处下游侧的直管上，且与转弯处的距离不小于管径的2倍。

⑦压力开关要竖直装在通往水力警铃的管路上，且在安装过程中不应拆装改动。

⑧末端试水装置宜装在系统管网末端或分区管网末端。

十一、管道试验、吹洗及防腐

1. 管道水压试验

(1)一般要求。

①水压试验分为强度试验和严密性试验。强度试验是检查管道的机械强度，严密性试验是检查管道连接的严密性。

②水压试验前应当做好准备工作和检查工作。准备工作包括试压方案、检漏方法的确定及相应的试压机具、材料等的准备。检查工作包括施工技术资料是否齐全，管道的走向、坡度、各类支架、补偿器、法兰螺栓、焊缝的热处理、应设的盲板、压力计等项工作是否达到要求。

③管道试压前，管道接口处不应进行防腐及保温，埋地敷设的管道，一般不应覆土，以便试压时检查。

④试压前应将不应参与试验的设备、仪表、阀件等临时拆除。管道系统中所有开口应封闭，系统内阀门应开启。水压试验时，系统最高点装放气阀，最低点设排水阀。充水应从系统底部进行。试压时，应用精度等级为1.5级的压力表2个，表的满刻度为最大被测压力的1.5～2倍。试验时应缓慢升压至试验压力，然后检查管道各部位的情况，如发现泄漏，应泄压后进行修理，不得带压修理。泄漏或其他缺陷消除后重新试验。

⑤管道系统的压力试验一般以水为试验介质。试压用水应

当清洁，对奥氏体不锈钢管道和容器进行试验时，水中氯离子含量不得超过 25×10^{-6}。当管道的设计压力小于或等于 0.6MPa 时，也可采用气体为试验介质，但应采取有效的安全措施。脆性材料严禁使用气体进行压力试验。

⑥管道安装完毕、热处理和无损检测合格后，应进行压力试验。压力试验应符合下列规定：

a. 压力试验应以液体为试验介质。当管道的设计压力小于或等于 0. 6MPa 时，也可采用气体为试验介质，但应采取有效的安全措施。

b. 脆性材料严禁使用气体进行压力试验。压力试验温度严禁接近金属材料的脆性转变温度。

c. 当进行压力试验时，应划定禁区，无关人员不得进入。

d. 试验过程中发现泄漏时，不得带压处理。消除缺陷后应重新进行试验。

e. 试验结束后，应及时拆除盲板、膨胀节临时约束装置。试验介质的排放应符合安全、环保要求。

f. 压力试验完毕，不得在管道上进行修补或增添物件。当在管道上进行修补或增添物件时，应重新进行压力试验。经设计或建设单位同意，对采取预防措施并能保证结构完好的小修补或增添物件，可不重新进行压力试验。

⑦当管道与设备作为一个系统进行试验，管道的试验压力大于设备的试验压力，且设备的试验压力不低于管道设计压力的 1.15 倍时，经建设单位同意，可按设备的试验压力进行试验。

⑧水压试验应在气温 5℃以上进行，气温低于 0℃时要采取防冻措施，试压后及时把水放净。

(2)各种常用管道的压力试验。

①室外给水管道。

室外给水管道水压试验压力见表 2-31。

表 2-31　室外给水管道水压试验压力　(单位:MPa)

管　材	工作压力 P	试验压力 P_s
碳素钢管	P	$P+0.5$,但不小于 0.9
铸铁管	$P\leqslant 0.5$	$2P$
	$P>0.5$	$P+0.5$
预应力、自应力钢筋混凝土管	$P\leqslant 0.6$	$1.5P$
	$P>0.6$	$P+0.3$

注:本表适用于市政给水管道。

②室内给水排水管道。

室内给水排水管道水压试验的要求见表 2-32。

表 2-32　室内给水排水管道水压试验压力

管道分类	工作压力 /MPa	试验压力 P_s/MPa	合格标准
室内给水系统及其与消防、生产合用的系统	P	$P_s=1.5P$,但不得小于 0.6	10min 内压力降不大于0.05MPa,然后降压至工作压力 P 作外观检查,以不漏为合格

隐蔽、埋地的室内排水管道隐蔽前必须进行灌水试验,其灌水高度应不低于底层地面的高度并符合设计要求,满水 15min,水面下降后再满水 5min,水面不降为合格。楼层排水管道应做通水试验,全部排水管道应做通球试验。

一般建筑物雨水管道的灌水高度必须达到每根立管最上部的雨水漏斗。

③室外供热管网。

室外供热管网的水压试验压力见表 2-33。

表 2-33　室外供热管网的水压试验压力

管道分类	工作压力/MPa	试验压力 P_s/MPa	合格标准
室外供热管网	P	$P_s=1.5P$，但不小于 0.6	在试验压力下观测 10min，如压力降不大于 0.05MPa，然后降至工作压力进行检查，以不漏为合格

④室内采暖及热水供应管道。

室内采暖及热水供应系统的水压试验要求见表 2-34。

表 2-34　室内采暖及热水供应系统水压试验压力

管道分类	工作压力/MPa	试验压力 P_s/MPa	合格标准
低压蒸汽采暖系统（$P\leqslant 0.07$MPa）	P	以系统顶点工作压力的 2 倍作水压试验，但在系统低点的试验压力不得小于 0.25	在 5min 内压力降不大于 0.02MPa 为合格；如采暖系统低点的试验压力大于散热器所能承受的最大压力，应分层作水压试验
热水采暖系统、热水供应系统及工作压力超过0.07MPa的蒸汽采暖系统	P	以系统顶点工作压力加 0.1 作水压试验，但系统顶点的试验压力不得小于 0.3	

2. 管道系统吹洗

管道系统强度试验合格后或严密性试验前，应分段进行吹扫与清洗，简称吹洗。当管道内杂物较多时，也可在压力试验前进行吹洗。对管道进行吹洗的目的是为了清除管道内的焊渣、泥土、砂子等杂物。

(1)吹洗介质的选用。

管道吹洗所用的介质有水、蒸汽、空气、氮气等。一般情况下,液体介质的管道用蒸汽吹扫;气体介质的管道用空气或氮气吹扫。例如:水管道用水冲洗;压缩空气管道用空气吹扫;乙炔、煤气管道也用空气吹扫;氧气管道用无油空气或氮气进行吹扫。

(2)吹洗的要求。

①吹洗方法。吹洗方法是根据管道脏污程度来确定的。吹洗介质应有足够的流量,吹洗介质的压力不得超过设计压力,流速不低于工作流速。

②吹洗的顺序。管道吹洗的顺序一般应按主管、支管、疏排管依次进行,脏液不得随便排放。

③保护仪表。吹洗前应将管道系统内的仪表加以保护,并将孔、喷嘴、滤网、节流阀及单流阀阀芯等拆除,妥善保管,待吹洗后复位。

④作业环境保护。吹洗时应设置禁区。

(3)水冲洗。

①水冲洗的排放管应从管道末端接出,并接入可靠的排水井或沟中,保证排泄畅通和安全。排放管的截面积不应小于被冲洗管截面的60%。

②冲洗用水可根据管道工作介质及材质选用饮用水、工业用水、澄清水或蒸汽冷凝液。如用海水冲洗时,则需用清洁水再冲洗。奥氏体不锈钢管道不得使用海水或氯离子含量超过25×10^{-6}的水进行冲洗。

③水冲洗应以管内可能达到的最大流量或不小于1.5m/s的流速进行。

④水冲洗应连续进行,当设计无规定时,则以出口处的水色和透明度与入口处水色和透明度目测一致为合格。

⑤管道冲洗后应将水排尽，需要时可用压缩空气吹干或采取其他保护措施。

(4)空气吹扫。

①空气吹扫一般采用具有一定压力的压缩空气进行吹扫，其流速不应低于20m/s。

②空气吹扫时，在排气口用白布或涂有白漆的靶板检查，如5min内检查其上无铁锈、尘土、水分及其他脏物即为合格。

(5)蒸汽吹扫。

①一般情况下，蒸汽管道用蒸汽吹扫，非蒸汽管道如用空气吹扫不能满足清洁要求时，也可用蒸汽吹扫，但应考虑其结构是否能承受高温和热膨胀因素的影响。

②蒸汽吹扫前，应缓慢升温暖管，且恒温1h后，才能进行吹扫；然后自然降温至环境温度，再升温、暖管、恒温进行第二次吹扫，如此反复一般不少于三次。

③蒸汽吹扫的排气管应引至室外，并加以明显标志，管口应朝上倾斜，保证安全排放。排气管应具有牢固的支承，以承受其排空的反作用力。排气管道直径不宜小于被吹扫管的管径，长度应尽量短捷。蒸汽流速不应低于20m/s。

④绝热管道的蒸汽吹扫工作，一般宜在绝热施工前进行，必要时可采取局部的人体防烫措施。

⑤蒸汽吹扫的检查方法及合格标准：一般蒸汽或其他管道，可用刨光木板置于排汽口处检查，当板上无铁锈、脏物为合格。

(6)脱脂。

①忌油管道系统，必须按设计要求进行脱脂处理。脱脂前可根据工作介质、管材、管径、脏污情况制定管道的脱脂方案。

②有明显油迹和严重锈蚀的管子，应先用蒸汽吹扫、喷砂或其他方法清除油迹、铁锈，然后再进行脱脂。

③管道脱脂可采用有机溶剂，具体可按表 2-35 选用。选用的溶剂或配方须经鉴定合格后，才能使用。

表 2-35　　脱脂溶剂性能用途表

名称	用途
二氯乙烷	有毒、易燃，适用于有色金属脱脂，对黑色金属有腐蚀
四氯化碳	有毒、不燃，适用于黑色金属和非金属脱脂，对有色金属有腐蚀
三氯乙烯	有毒、易燃，适用于金属脱脂，无腐蚀
精馏酒精	浓度不低于 96%，无毒、易燃，脱脂性差

④脱脂方法。管子内表面脱脂可将一端先用塞子堵死，灌入溶剂后，把另一端也堵塞，平放保持 15min 左右，并把管子滚动3～4次。也可将管子浸入盛有脱脂溶液的长槽内脱脂，最后将管内溶液倒出，用排风机吹干或自然风吹干。

金属管件应放在封闭容器的溶液中浸泡 20min 以上，非金属管件浸泡1.5～2h，取出后挂在风中吹干。

石棉填料可在 300℃温度下，灼烧 2～3min，脱脂后涂以石墨。

⑤检查脱脂质量的方法及合格标准：用清洁干燥的白滤纸擦拭管道及附件内壁，纸上无油脂痕迹为合格。也可用紫外线灯照射，脱脂表面无紫蓝色萤光为合格。

(7)油清洗。

①润滑、密封及控制油管道，应在机械及管道酸洗合格后，系统试运转前进行油清洗。不锈钢管，宜用蒸汽吹洗干净后进行油清洗。

②油清洗应采用适合于被清洗机械的合格油品。

③油清洗的方法应以油循环的方式进行，循环过程中每 8h

应在40～70℃的范围内反复升降油温2～3次，并应及时清洗或更换滤芯。

④油清洗应达到设计要求标准，当设计文件或制造厂无要求时，管道油清洗后应采用滤网检验，合格标准应符合表2-36的规定。

表2-36 油清洗合格标准

机械转速/(r/min)	滤网规格(目)	合格标准
≥6000	200	目测滤网，无硬粒及黏稠物；每1cm² 范围内，软杂物不多于3个
<6000	100	

⑤油清洗合格的管子，应采取有效的保护措施。

3. 管道防腐

(1)管道的表面清理。

①钢管的刷油应在管道试压合格后进行。实际工作中一般是在管道安装前刷第一遍油漆，但要留出焊接部位，待安装及试压完毕后再完成全部油漆工作。

②刷油前，要将管道表面的尘土、油垢、浮锈和氧化皮除掉。焊缝应清除焊渣、毛刺。金属表面粘有较多的油污时，可用汽油或浓度为5%的烧碱溶液清刷，等干燥后再除锈。如不清除杂物，将影响油漆与金属表面结合。

③管道除锈有人工除锈、机械除锈和酸洗除锈。

a. 人工除锈使用钢丝刷或砂布进行。

b. 机械除锈使用电动除锈机、各种电动除锈工具或喷砂法进行。

c. 钢管酸洗除锈一般用硫酸或盐酸进行。硫酸浓度一般为

10%～15%，在室温下浸泡时间为15～60min，如将酸液加热到60～80℃，除锈明显加快。配制硫酸溶液时，应把硫酸徐徐倒入水中，严禁把水倒入硫酸中。盐酸浓度一般为10%～15%，酸洗在室温下浸泡时间约12min。酸洗后要用清水洗涤，并用50%浓度的碳酸钠溶液中和，最后用热水冲洗2～3次，并干燥。

(2)管道的涂漆。

①管道涂漆可采用手工涂刷或喷涂法。手工涂刷时，应往复、纵横交错涂刷，保证涂层均匀；喷漆是利用压缩空气为动力进行喷涂。

②涂漆施工的程序是：第一层底漆或防锈漆(一道或两道，一般两道)，第二层面漆(调和漆或磁漆等，一般两道)。如果设计有要求，第三层多为罩光清漆。现场涂漆一般任其自然干燥，多层涂漆的间隔时间应保证漆膜干燥，涂层未经干燥，不得进行下一工序施工。

③涂层质量应符合下列要求：漆膜附着牢固，涂层均匀，无剥落、皱纹、流挂、气泡、针孔等缺陷；涂层完整，无损坏，无漏涂。

(3)管道的防腐。

埋地的钢管和铸铁管一般均需进行防腐。铸铁管具有较好的耐腐蚀性，因此，埋地时只需涂1～2道沥青漆。铸铁管出厂时防腐层良好，在现场无需再涂沥青漆。

钢管的防腐层做法由设计根据土壤的腐蚀性要求决定，一般分为三种，即普通防腐层、加强防腐层和特加强防腐层，对于含盐量、含水量都小的土壤，可采用普通防腐层。实际工程中大部分埋地钢管采用加强防腐层。

第3部分　管道工岗位安全常识

一、管道工施工安全基本知识

（1）使用机电设备、机具前应检查确认性能良好，电动机具的漏电保护装置灵敏有效。不得“带病”运转。

（2）操作机电设备，严禁戴手套，袖口扎紧。机械运转中不得进行维修保养。

（3）使用砂轮锯，压力均匀，人站在砂轮片旋转方向侧面。

（4）压力案上不得放重物和立放丝扳、手工套丝，应防止扳机滑落。

（5）用小推车运管时，清理好道路，管放在车上必须捆绑牢固。

（6）安装立管，必须将洞口周围清理干净，严禁向下抛掷物料。作业完毕必须将洞口盖板盖牢。

（7）电气焊作业前，应申请用火证，并派专人看火，备好灭火用具。焊接地点周围不得有易燃易爆物品。

（8）散热器组拧紧对丝时，必须将散热器放稳，搬抬时两人应用力一致，相互照应。

（9）在进行水压试验时，散热器下面应垫木板。散热器按规定压力值试验时，加压后不得用力冲撞磕碰。

（10）人力卸散热器时，所用缆索、杠子应牢固，使用井字架、龙门架或外用电梯运输时，严禁超载或放偏。散热器运进楼层后，应分散堆放。

（11）稳挂散热器应扶好，用压杠压起后平稳放在托钩上。

(12)往沟内运管,应上下配合,不得往沟内抛掷管件。

(13)安装立、托、吊管时,要上、下配合好。尚未安装的楼板预留洞口必须盖严盖牢。使用的人字梯、临时脚手架、绳索等必须坚固、平稳。脚手架不得超重,不得有空隙和探头板。

(14)采用井字架、龙门架、外用电梯往楼层内搬运瓷器时,每次不宜放置过多。瓷器运至楼层后应选择安全地方放置,下面必须垫好草袋或木板,不得磕碰受损。

二、现场施工安全操作基本规定

1. 杜绝"三违"现象

员工遵章守纪,是实现安全生产的基础。员工在生产过程中,不仅要有熟练的技术,而且必须自觉遵守各项操作规程和劳动纪律,远离"三违",即违章指挥、违章操作、违反劳动纪律。

(1)违章指挥。企业负责人和有关管理人员法制观念淡薄,缺乏安全知识,思想上存有侥幸心理,对国家、集体的财产和人民群众的生命安全不负责任。明知不符合安全生产有关条件,仍指挥作业人员冒险作业。

(2)违章作业。作业人员没有安全生产常识,不懂安全生产规章制度和操作规程,或者在知道基本安全知识的情况下,在作业过程中,违反安全生产规章制度和操作规程,不顾国家、集体的财产和他人、自己的生命安全,擅自作业,冒险蛮干。

(3)违反劳动纪律。上班时不知道劳动纪律,或者不遵守劳动纪律,违反劳动纪律进行冒险作业,造成不安全因素。

2. 牢记"三宝"和"四口、五临边"

(1)"三宝"指安全帽、安全带、安全网。安全帽、安全带、安全网是工人的三件宝，只有正确佩戴和使用，才可以保证个人安全。

(2)“四口”指楼梯口、电梯井口、预留洞口、通道口。“五临边”是指尚未安装栏杆的阳台周边、无外架防护的层面周边、框架工程楼层周边、上下跑道及斜道的两侧边、卸料平台的侧边。

“四口、五临边”是施工现场最危险和最容易发生事故的地方，因此对施工现场重要危险部位进行正确的防护，可以有效地减少事故发生，为工人作业提供一个安全的环境。

3. 做到“三不伤害”

“三不伤害”是指不伤害自己、不伤害他人、不被他人伤害。

施工现场每一个操作人员和管理人员都要增强自我保护意识，同时也要对安全生产自觉负起监督的责任，才能达到全员安全的目的。

施工时经常有上下层或者不同工种、不同队伍互相交叉作业的情况，要避免这时候发生危险。相互间协调好，上层作业时，要对作业区域围蔽，有人值守，防止人员进入作业区下方。此外落物伤人，也是工地经常发生的事故之一，进入施工现场，一定要戴好安全帽。作业过程中，观察周围，不伤害他人，也不被他人伤害，这是工地安全的基本原则。自己不违章，只能保证不伤害自己，不伤害别人。要做到不被别人伤害，就要及时制止他人违章。制止他人违章既保护了自己，也保护了他人。

4. 加强“三懂三会”能力

“三懂三会”即懂得本岗位和部门有什么火灾危险性，懂得灭火知识，懂得预防措施；会报火警，会使用灭火器材，会处理初起火灾。

5. 掌握“十项安全技术措施”

(1)按规定使用安全“三宝”。

(2)机械设备防护装置一定要齐全有效。

(3)塔吊等起重设备必须有限位保险装置,不准带病运转,不准超负荷作业,不准在运转中维修保养。

(4)架设电线线路必须符合当地电业局的规定,电气设备必须全部接零接地。

(5)电动机械和手持电动工具要设置漏电保护器。

(6)脚手架材料及脚手架的搭设必须符合规程要求。

(7)各种缆风绳及其设置必须符合规程要求。

(8)在建工程的楼梯口、电梯口、预留洞口、通道口,必须有防护设施。

(9)严禁赤脚或穿高跟鞋、拖鞋进入施工现场,高空作业不准穿硬底和带钉易滑的鞋靴。

(10)施工现场的悬崖、陡坎等危险地区应设警戒标志,夜间要设红灯示警。

6. 施工现场行走或上下的“十不准”

(1)不准从正在起吊、运吊中的物件下通过。

(2)不准从高处往下跳或奔跑作业。

(3)不准在没有防护的外墙和外壁板等建筑物上行走。

(4)不准站在小推车等不稳定的物体上操作。

(5)不得攀登起重臂、绳索、脚手架、井字架、龙门架和随同运料的吊盘及吊装物上下。

(6)不准进入挂有“禁止出入”或设有危险警示标志的区域、场所。

(7)不准在重要的运输通道或上下行走通道上逗留。

(8)未经允许不准私自进入非本单位作业区域或管理区域，尤其是存有易燃、易爆物品的场所。

(9)严禁在无照明设施、无足够采光条件的区域、场所内行走、逗留。

(10)不准无关人员进入施工现场。

7.做到“十不盲目操作”

做到“十不盲目操作”，是防止违章和事故的基本操作要求。

(1)新工人未经三级安全教育，复工换岗人员未经安全岗位教育，不盲目操作。

(2)特殊工种人员、机械操作工未经专门安全培训，无有效安全上岗操作证，不盲目操作。

(3)施工环境和作业对象情况不清，施工前无安全措施或作业安全交底不清，不盲目操作。

(4)新技术、新工艺、新设备、新材料、新岗位无安全措施，未进行安全培训教育、交底，不盲目操作。

(5)安全帽和作业所必需的个人防护用品不落实，不盲目操作。

(6)脚手、吊篮、塔吊、井字架、龙门架、外用电梯、起重机械、电焊机、钢筋机械、木工平刨、圆盘锯、搅拌机、打桩机等设施设备和现浇混凝土模板支撑、搭设安装后，未经验收合格，不盲目操作。

(7)作业场所安全防护措施不落实，安全隐患不排除，威胁人身和国家财产安全时，不盲目操作。

(8)凡上级或管理干部违章指挥，有冒险作业情况时，不盲目操作。

(9)高处作业、带电作业、禁火区作业、易燃易爆作业、爆破性作业、有中毒或窒息危险的作业和科研实验等其他危险作业的,均应由上级指派,并经安全交底;未经指派批准、未经安全交底和无安全防护措施,不盲目操作。

(10)隐患未排除,有自己伤害自己、自己伤害他人、自己被他人伤害的不安全因素存在时,不盲目操作。

8."防止坠落和物体打击"的十项安全要求

(1)高处作业人员必须着装整齐,严禁穿硬塑料底等易滑鞋、高跟鞋,工具应随手放入工具袋中。

(2)高处作业人员严禁相互打闹,以免失足发生坠落事故。

(3)在进行攀登作业时,攀登用具结构必须牢固可靠,使用必须正确。

(4)各类手持机具使用前应检查,确保安全牢靠。洞口临边作业应防止物件坠落。

(5)施工人员应从规定的通道上下,不得攀爬脚手架、跨越阳台,不得在非规定通道进行攀登、行走。

(6)进行悬空作业时,应有牢靠的立足点并正确系挂安全带;现场应视具体情况配置防护栏网、栏杆或其他安全设施。

(7)高处作业时,所有物料应该堆放平稳,不可放置在临边或洞口附近,且不可妨碍通行。

(8)高处拆除作业时,对拆卸下的物料、建筑垃圾都要加以清理和及时运走,不得在走道上任意乱置或向下丢弃,保持作业走道畅通。

(9)高处作业时,不准往下或向上乱抛材料和工具等物件。

(10)各施工作业场所内,凡有坠落可能的任何物料,都应先行撤除或加以固定,拆卸作业要在设有禁区、有人监护的条件下进行。

9. 防止机械伤害的“一禁、二必须、三定、四不准”

(1)一禁。不懂电器和机械的人员严禁使用和摆弄机电设备。

(2)二必须。

①机电设备应完好,必须有可靠有效的安全防护装置。

②机电设备停电、停工休息时必须拉闸关机,按要求上锁。

(3)三定。

①机电设备应做到定人操作,定人保养、检查。

②机电设备应做到定机管理、定期保养。

③机电设备应做到定岗位和岗位职责。

(4)四不准。

①机电设备不准带病运转。

②机电设备不准超负荷运转。

③机电设备不准在运转时维修保养。

④机电设备运行时,操作人员不准将头、手、身伸入运转的机械行程范围内。

10.“防止车辆伤害”的十项安全要求

(1)未经劳动、公安交通部门培训合格的持证人员,不熟悉车辆性能者不得驾驶车辆。

(2)应坚持做好例保工作,车辆制动器、喇叭、转向系统、灯光等影响安全的部件如作用不良,不准出车。

(3)严禁翻斗车、自卸车的车厢乘人,严禁人货混装,车辆载货应不超载、超高、超宽,捆扎应牢固可靠,应防止车内物体失稳跌落伤人。

(4)乘坐车辆应坐在安全处,头、手、身不得露出车厢外,要避免车辆启动制动时跌倒。

(5)车辆进出施工现场,在场内掉头、倒车,在狭窄场地行驶时应有专人指挥。

(6)现场行车进场要减速,并做到"四慢",即道路情况不明要慢,线路不良要慢,起步、会车、停车要慢,在狭路、桥梁弯路、坡路、叉道、行人拥挤地点及出入大门时要慢。

(7)临近机动车道的作业区和脚手架等设施以及道路中的路障,应加设安全色标、安全标志和防护措施,并要确保夜间有充足的照明。

(8)装卸车作业时,若车辆停在坡道上,应在车轮两侧用楔形木块加以固定。

(9)人员在场内机动车道应避免右侧行走,并做到不平排结队有碍交通;避让车辆时,应不避让于两车交会之中,不站于旁有堆物无法退让的死角。

(10)机动车辆不得牵引无制动装置的车辆,牵引物体时物体上不得有人,人不得进入正在牵引的物与车之间,坡道上牵引时,车和被牵引物下方不得有人作业和停留。

11."防止触电伤害"的十项安全操作要求

根据安全用电"装得安全、拆得彻底、用得正确、修得及时"的基本要求,为防止触电伤害的操作要求有:

(1)非电工严禁拆接电气线路、插头、插座、电气设备、电灯等。

(2)使用电气设备前必须检查线路、插头、插座、漏电保护装置是否完好。

(3)电气线路或机具发生故障时,应找电工处理,非电工不得自行修理或排除故障。

(4)使用振捣器等手持电动机械和其他电动机械从事湿作业时,要由电工接好电源,安装上漏电保护器,操作者必须穿戴好绝缘鞋、绝缘手套后再进行作业。

(5)搬迁或移动电气设备必须先切断电源。

(6)搬运钢筋、钢管及其他金属物时,严禁触碰到电线。

(7)禁止在电线上挂晒物料。

(8)禁止使用照明器烘烤、取暖,禁止擅自使用电炉和其他电加热器。

(9)在架空输电线路附近工作时,应停止输电,不能停电时,应有隔离措施,要保持安全距离,防止触碰。

(10)电线必须架空,不得在地面、施工楼面随意乱拖,若必须通过地面、楼面时,应有过路保护,物料、车、人不准压踏碾磨电线。

12. 施工现场防火安全规定

(1)施工现场要有明显的防火宣传标志。

(2)施工现场必须设置临时消防车道。其宽度不得小于3.5m,并保证临时消防车道的畅通,禁止在临时消防车道上堆物、堆料或挤占临时消防车道。

(3)施工现场必须配备消防器材,做到布局合理。要害部位应配备不少于4具的灭火器,要有明显的防火标志,并经常检查、维护、保养,保证灭火器材灵敏有效。

(4)施工现场消火栓应布局合理,消防干管直径不小于100mm,消火栓处昼夜要设有明显标志,配备足够的水龙带,周围3m内不准存放物品。地下消火栓必须符合防火规范。

(5)高度超过24m的建筑工程,应安装临时消防竖管。管径不得小于 75mm，每层设消火栓口，配备足够的水龙带。消防水要保证足够的水源和水压，严禁消防竖管作为施工用水管线。消防泵房应使用非燃材料建造，位置设置合理，便于操作，并设专人管理，保证消防供水。消防泵的专用配电线路应引自施工现场总断路器的上端，要保证连续不间断供电。

(6)电焊工、气焊工从事电气设备安装的电焊、气焊切割作业，要有操作证和用火证。用火前，要对易燃、可燃物采取清除、隔离等措施，配备看火人员和灭火器具，作业后必须确认无火源隐患后方可离去。用火证当日有效。用火地点变换，要重新办理用火证手续。

(7)氧气瓶、乙炔瓶工作间距不小于 5m，两瓶与明火作业距离不小于 10m。建筑工程内禁止氧气瓶、乙炔瓶存放，禁止使用液化石油气“钢瓶”。

(8)施工现场使用的电气设备必须符合防火要求。临时用电必须安装过载保护装置，电闸箱内不准使用易燃、可燃材料。严禁超负荷使用电气设备。

(9)施工材料的存放、使用应符合防火要求。库房应采用非燃材料支搭，易燃易爆物品应专库储存，分类单独存放，保持通风，用电符合防火规定。不准在工程内、库房内调配油漆、烯料。

(10)工程内部不准作为仓库使用，不准存放易燃、可燃材料，因施工需要进入工程内部的可燃材料，要根据工程计划限量进入并采取可靠的防火措施。废弃材料应及时消除。

(11)施工现场使用的安全网、密目式安全网、密目式防尘网、保温材料，必须符合消防安全规定，不得使用易燃、可燃材料。

(12)施工现场严禁吸烟，不得在建筑工程内部设置宿舍。

(13)施工现场和生活区,未经有关部门批准不得使用电热器具。严禁工程中明火保温施工及宿舍内明火取暖。

(14)从事油漆粉刷或防水等有毒及易燃危险作业时,要有具体的防火要求,必要时派专人看护。

(15)生活区的设置必须符合消防管理规定。严禁使用可燃材料搭设,宿舍内不得卧床吸烟,房间内住20人以上必须设置不少于2处的安全门,居住100人以上,要有消防安全通道及人员疏散预案。

(16)生活区的用电要符合防火规定。食堂使用的燃料必须符合使用规定,用火点和燃料不能在同一房间内,使用时要有专人管理,停火时将总开关关闭,经常检查有无泄漏。

三、高处作业安全知识

1. 高处作业的一般施工安全规定和技术措施

按照《高处作业分级》(GB/T 3608—2008)规定:凡在坠落高度基准面2m以上(含2m)的可能坠落的高处所进行的作业,都称为高处作业。

在施工现场高处作业中,如果未防护、防护不好或作业不当都可能发生人或物的坠落。人从高处坠落的事故,称为高处坠落事故。物体从高处坠落砸着下面人的事故,称为物体打击事故。建筑施工中的高处作业主要包括临边、洞口、攀登、悬空、交叉作业等类型,这些是高处作业伤亡事故可能发生的主要地点。

高处作业时的安全措施有设置防护栏杆,孔洞加盖,安装安全防护门,满挂安全平立网,必要时设置安全防护棚等。

(1)施工前,应逐级进行安全技术教育及交底,落实所有安全技术措施和个人防护用品，未经落实时不得进行施工。

(2)高处作业中的安全标志、工具、仪表、电气设施和各种设备，必须在施工前加以检查，确认其完好，方能投入使用。

(3)悬空、攀登高处作业以及搭设高处安全设施的人员必须按照国家有关规定，经过专门的安全作业培训，并取得特种作业操作资格证书后，方可上岗作业。

(4)从事高处作业的人员必须定期进行身体检查，诊断患有心脏病、贫血、高血压、癫痫病、恐高症及其他不适宜高处作业的疾病时，不得从事高处作业。

(5)高处作业人员应头戴安全帽，身穿紧口工作服，脚穿防滑鞋，腰系安全带。

(6)高处作业场所有坠落可能的物体，应一律先行撤除或予以固定。所用物件均应堆放平稳，不妨碍通行和装卸。工具应随手放入工具袋，拆卸下的物件及余料和废料均应及时清理运走，清理时应采用传递或系绳提溜方式，禁止抛掷。

(7)遇有六级以上强风、浓雾和大雨等恶劣天气，不得进行露天悬空与攀登高处作业。台风暴雨后，应对高处作业安全设施逐一检查，发现有松动、变形、损坏或脱落、漏雨、漏电等现象，应立即修理完善或重新设置。

(8)所有安全防护设施和安全标志等，任何人都不得损坏或擅自移动和拆除。因作业必须临时拆除或变动安全防护设施、安全标志时，必须经有关施工负责人同意，并采取相应的可靠措施，作业完毕后立即恢复。

(9)施工中对高处作业的安全技术设施发现有缺陷和隐患时，必须立即报告，及时解决。危及人身安全时，必须立即停止作业。

2. 高处作业的基本安全技术措施

(1)凡是临边作业,都要在临边处设置防护栏杆,一般上杆离地面高度为1.0～1.2m,下杆离地面高度为0.5～0.6m;防护栏杆必须自上而下用安全网封闭,或在栏杆下边设置严密固定的高度不低于18cm的挡脚板或40cm的挡脚竹笆。

(2)对于洞口作业,可根据具体情况采取设防护栏杆、加盖板、张挂安全网与装栅门等措施。

(3)进行攀登作业时,作业人员要从规定的通道上下,不能在阳台之间等非规定通道进行攀登,也不得任意利用吊车车臂架等施工设备进行攀登。

(4)进行悬空作业时,要设有牢靠的作业立足处,并视具体情况设防护栏杆,搭设架手架、操作平台,使用马凳,张挂安全网或其他安全措施;作业所用索具、脚手板、吊篮、吊笼、平台等设备,均需经技术鉴定方能使用。

(5)进行交叉作业时,注意不得在上下同一垂直方向上操作,下层作业的位置必须处于依上层高度确定的可能坠落范围之外。不符合以上条件时,必须设置安全防护层。

(6)结构施工自二层起,凡人员进出的通道口(包括井架、施工电梯的进出口),均应搭设安全防护棚。高度超过24m时,防护棚应设双层。

(7)建筑施工进行高处作业之前,应进行安全防护设施的检查和验收。验收合格后,方可进行高处作业。

3. 高处作业安全防护用品使用常识

由于建筑行业的特殊性,高处作业中发生高处坠落、物体打击事故的比例最大。要避免伤亡事故,作业人员必须正确佩戴安全帽，调好帽箍，系好帽带；正确使用安全带，高挂低用；按规定架设安全网。

(1)安全帽。对人体头部受外力伤害(如物体打击)起防护作用的帽子。使用时要注意：

①选用经有关部门检验合格，其上有“安鉴”标志的安全帽。

②使用安全帽前先检查外壳是否破损，有无合格帽衬，帽带是否齐全，如果不符合要求则立即更换。

③调整好帽箍、帽衬(4～5cm)，系好帽带。

(2)安全带。高处作业人员预防坠落伤亡的防护用品。使用时要注意：

①选用经有关部门检验合格的安全带，并保证在使用有效期内。

②安全带严禁打结、续接。

③使用中，要可靠地挂在牢固的地方，高挂低用，且要防止摆动，避免明火和刺割。

④2m 以上的悬空作业，必须使用安全带。

⑤在无法直接挂设安全带的地方，应设置挂安全带的安全拉绳、安全栏杆等。

(3)安全网。用来防止人、物坠落或用来避免、减轻坠落及物体打击伤害的网具。使用时要注意：

①要选用有合格证的安全网；在使用时，必须按规定到有关部门检测、检验合格，方可使用。

②安全网若有破损、老化，应及时更换。

③安全网与架体连接不宜绷得太紧，系结点要沿边分布均匀、绑牢。

④立网不得作为平网使用。

⑤立网必须选用密目式安全网。

四、脚手架作业安全技术常识

1. 脚手架的作用及常用架型

脚手架的搭设、拆除作业属悬空、攀登高处作业，其作业人员必须按照国家有关规定经过专门的安全作业培训，并取得特种作业操作资格证书后，方可上岗作业。其他无资格证书的作业人员只能做一些辅助工作，严禁悬空、登高作业。

脚手架的主要作用是在高处作业时供堆料、短距离水平运输及作业人员在上面进行施工作业。高处作业的五种基本类型的安全隐患在脚手架上作业中都会发生。

脚手架应满足以下基本要求：

(1)要有足够的牢固性和稳定性，保证施工期间在所规定的荷载和气候条件下，不产生变形、倾斜和摇晃。

(2)要有足够的使用面积，满足堆料、运输、操作和行走的要求。

(3)构造要简单，搭设、拆除和搬运要方便。

常用脚手架有扣件式钢管脚手架、门型钢管脚手架、碗扣式钢管架等。此外还有附着升降脚手架、吊篮式脚手架、挂式脚手架等。

2. 脚手架作业一般安全技术常识

(1)每项脚手架工程都要有经批准的施工方案并严格按照此方案搭设和拆除，作业前必须组织全体作业人员熟悉施工和作业要求，进行安全技术交底。班组长要带领作业人员对施工作业环境及所需工具、安全防护设施等进行检查，消除隐患后方可作业。

(2)脚手架要结合工程进度搭设，结构施工时脚手架要始终高出作业面一步架，但不宜一次搭得过高。未完成的脚手架，作业人员离开作业岗位(休息或下班)时，不得留有未固定的构件，并应保证架子稳定。

脚手架要经验收签字后方可使用。分段搭设时应分段验收。在使用过程中要定期检查，较长时间停用、台风或暴雨过后使用前要进行检查加固。

(3)落地式脚手架基础必须坚实，若是回填土，必须平整夯实，并做好排水措施，以防止地基沉陷引起架子沉降、变形、倒塌。当基础不能满足要求时，可采取挑、吊、撑等技术措施，将荷载分段卸到建筑物上。

(4)设计搭设高度较小(15m 以下)时，可采用抛撑；当设计高度较大时，采用既抗拉又抗压的连墙点(根据规范用柔性或刚性连墙点)。

(5)施工作业层的脚手板要满铺、牢固，离墙间隙不大于15cm，并不得出现探头板；在架子外侧四周设 1.2m 高的防护栏杆及 18cm 的挡脚板，且在作业层下装设安全平网；架体外排立杆内侧挂设密目式安全立网。

(6)脚手架出入口须设置规范的通道口防护棚；外侧临街或高层建筑脚手架，其外侧应设置双层安全防护棚。

(7)架子使用中，通常架上的均布荷载，不应超过规范规定。人员、材料不要太集中。

(8)在防雷保护范围之外，应按规定安装防雷保护装置。

(9)脚手架拆除时，应设警戒区和醒目标志，有专人负责警戒；架体上的材料、杂物等应消除干净；架体若有松动或危险的部位，应予以先行加固，再进行拆除。

(10)拆除顺序应遵循“自上而下，后装的构件先拆，先装的后拆，一步一清”的原则，依次进行。不得上下同时拆除作业，严禁用踏步式、分段、分立面拆除法。

(11)拆下来的杆件、脚手板、安全网等应用运输设备运至地面，严禁从高处向下抛掷。

五、施工现场临时用电安全知识

1.现场临时用电安全基本原则

(1)建筑施工现场的电工、电焊工属于特种作业工种，必须按国家有关规定经专门安全作业培训，取得特种作业操作资格证书，方可上岗作业。其他人员不得从事电气设备及电气线路的安装、维修和拆除。

(2)建筑施工现场必须采用 TN-S 接零保护系统，即具有专用保护零线(PE 线)、电源中性点直接接地的 220/380V 三相五线制系统。

(3)建筑施工现场必须按“三级配电二级保护”设置。

(4)施工现场的用电设备必须实行“一机、一闸、一漏、一箱”制，即每台用电设备必须有自己专用的开关箱，专用开关箱内必须设置独立的隔离开关和漏电保护器。

(5)严禁在高压线下方搭设临建、堆放材料和进行施工作业；在高压线一侧作业时，必须保持至少 6m 的水平距离，达不到上述距离时，必须采取隔离防护措施。

(6)在宿舍工棚、仓库、办公室内，严禁使用电饭煲、电水壶、电炉、电热杯等较大功率电器。如需使用，应由项目部安排专业电工在指定地点安装，可使用较高功率电器的电气线路和控制器。严禁使用不符合安全要求的电炉、电热棒等。

(7)严禁在宿舍内乱拉、乱接电源，非专职电工不准乱接或更换熔丝，不准以其他金属丝代替熔丝（保险丝）。

（8）严禁在电线上晾衣服和挂其他东西等。

（9）搬运较长的金属物体，如钢筋、钢管等材料时，应注意不要碰触到电线。

（10）在临近输电线路的建筑物上作业时，不能随便往下扔金属类杂物；更不能触摸、拉动电线或与电线接触的钢丝和电杆的拉线。

（11）移动金属梯子和操作平台时，要观察高处输电线路与移动物体的距离，确认有足够的安全距离，再进行作业。

（12）在地面或楼面上运送材料时，不要踏在电线上；停放手推车，堆放钢模板、跳板、钢筋时，不要压在电线上。

（13）移动有电源线的机械设备，如电焊机、水泵、小型木工机械等，必须先切断电源，不能带电搬动。

（14）当发现电线坠地或设备漏电时，切不可随意跑动和触摸金属物体，并应保持 10m 以上距离。

2. 安全电压

安全电压是为防止触电事故而采用的 50V 以下特定电源供电的电压系列，分为 42V、36V、24V、12V 和 6V 五个等级，根据不同的作业条件，选用不同的安全电压等级。建筑施工现场常用的安全电压有 12V、24V、36V。

以下特殊场所必须采用安全电压照明供电：

（1）室内灯具离地面低于 2.4m、手持照明灯具、一般潮湿作业场所（地下室、潮湿室内、潮湿楼梯、隧道、人防工程以及有高温、导电灰尘等）的照明，电源电压应不大于 36V。

（2）潮湿和易触及带电体场所的照明电源电压，应不大于 24V。

（3）在特别潮湿的场所、锅炉或金属容器内、导电良好的地面使用手持照明灯具等，照明电源电压不得大于12V。

3. 电线的相色

（1）正确识别电线的相色。

电源线路可分为工作相线（火线）、专用工作零线和专用保护零线。一般情况下，工作相线（火线）带电危险，专用工作零线和专用保护零线不带电（但在不正常情况下，工作零线也可以带电）。

（2）相色规定。

一般相线（火线）分为A、B、C三相，分别为黄色、绿色、红色；工作零线为黑色；专用保护零线为黄绿双色线。

严禁用黄绿双色、黑色、蓝色线充当相线，也严禁用黄色、绿色、红色线作为工作零线和保护零线。

4. 插座的使用

要正确使用与安装插座。

（1）插座分类。

常用的插座分为单相双孔、单相三孔和三相三孔、三相四孔等。

（2）选用与安装接线。

①三孔插座应选用“品字形”结构，不应选用等边三角形排列的结构，因为后者容易发生三孔互换，造成触电事故。

②插座在电箱中安装时，必须首先固定安装在安装板上，接地极与箱体一起作可靠的PE保护。

③三孔或四孔插座的接地孔（较粗的一个孔），必须置于顶部位置，不可倒置，两孔插座应水平并列安装，不准垂直并列

安装。

④插座接线要求：对于两孔插座，左孔接零线，右孔接相线；对于三孔插座，左孔接零线，右孔接相线，上孔接保护零线；对于四孔插座，上孔接保护零线，其他三孔分别接 A、B、C 三根相线。

5."用电示警"标志

正确识别"用电示警"标志或标牌，不得随意靠近、随意损坏和挪动标牌(表 3-1)。进入施工现场的每个人都必须认真遵守用电管理规定，见到用电示警标志或标牌时，不得随意靠近，更不准随意损坏、挪动标牌。

表 3-1 用电示警标志分类和使用

分类＼使用	颜色	使用场所
常用电力标志	红色	配电房、发电机房、变压器等重要场所
高压示警标志	字体为黑色，箭头和边框为红色	需高压示警场所
配电房示警标志	字体为红色，边框为黑色(或字与边框交换颜色)	配电房或发电机房
维护检修示警标志	底为红色，字为白色(或字为红色，底为白色，边框为黑色)	维护检修时相关场所
其他用电示警标志	箭头为红色，边框为黑色，字为红色或黑色	其他一般用电场所

6.电气线路的安全技术措施

(1)施工现场电气线路全部采用"三相五线制"(TN-S 系统)专用保护接零(PE 线)系统供电。

(2)施工现场架空线采用绝缘铜线。

(3)架空线设在专用电杆上,严禁架设在树木、脚手架上。

(4)导线与地面保持足够的安全距离。

导线与地面最小垂直距离:施工现场应不小于4m;机动车道应不小于6m;铁路轨道应不小于7.5m。

(5)无法保证规定的电气安全距离时,必须采取防护措施。

如果由于在建工程位置限制而无法保证规定的电气安全距离,必须采取设置防护性遮拦、栅栏,悬挂警告标志牌等防护措施,发生高压线断线落地时,非检修人员要远离落地处10m以外,以防跨步电压危害。

(6)为了防止设备外壳带电发生触电事故,设备应采用保护接零,并安装漏电保护器等措施。作业人员要经常检查保护零线连接是否牢固可靠,漏电保护器是否有效。

(7)在电箱等用电危险地方,挂设安全警示牌。如"有电危险""禁止合闸,有人工作"等。

7. 照明用电的安全技术措施

施工现场临时照明用电的安全要求如下:

(1)临时照明线路必须使用绝缘导线。户内(工棚)临时线路的导线必须安装在离地2m以上的支架上;户外临时线路必须安装在离地2.5m以上的支架上,零星照明线不允许使用花线,一般应使用软电缆线。

(2)建设工程的照明灯具宜采用拉线开关。拉线开关距地面高度为2~3m,与出口、入口的水平距离为0.15~0.2m。

(3)严禁在床头设立开关和插座。

(4)电器、灯具的相线必须经过开关控制。

不得将相线直接引入灯具，也不允许以电气插头代替开关来分合电路，室外灯具距地面不得低于 3m；室内灯具不得低于 2.4m。

(5)使用手持照明灯具(行灯)应符合一定的要求：

①电源电压不超过 36V。

②灯体与手柄应坚固，绝缘良好，并耐热防潮湿。

③灯头与灯体结合牢固。

④灯泡外部要有金属保护网。

⑤金属网、反光罩、悬吊挂钩应固定在灯具的绝缘部位上。

(6)照明系统中每一单相回路上，灯具和插座数量不宜超过 25 个，并应装设熔断电流为 15A 以下的熔断保护器。

8. 配电箱与开关箱的安全技术措施

施工现场临时用电一般采用三级配电方式，即总配电箱(或配电室)，下设分配电箱，再以下设开关箱，开关箱以下就是用电设备。

配电箱和开关箱的使用安全要求如下：

(1)配电箱、开关箱的箱体材料，一般应选用钢板，亦可选用绝缘板，但不宜选用木质材料。

(2)配电箱、开关箱应安装端正、牢固，不得倒置、歪斜。

固定式配电箱、开关箱的下底与地面垂直距离应大于或等于 1.3m 且小于或等于 1.5m；移动式配电箱、开关箱的下底与地面的垂直距离应大于或等于 0.6m 且小于或等于 1.5m。

(3)进入开关箱的电源线，严禁用插销连接。

(4)电箱之间的距离不宜太远。

配电箱与开关箱的距离不得超过 30m。开关箱与固定式用电设备的水平距离不宜超过 3m。

(5)每台用电设备应有各自专用的开关箱,且必须满足"一机、一闸、一漏、一箱"的要求,严禁用同一个开关电器直接控制两台及两台以上用电设备(含插座)。

开关箱中必须设漏电保护器,其额定漏电动作电流应不大于 30mA,漏电动作时间应不大于 0.1s。

(6)所有配电箱门应配锁,不得在配电箱和开关箱内挂接或插接其他临时用电设备,开关箱内严禁放置杂物。

(7)配电箱、开关箱的接线应由电工操作,非电工人员不得乱接。

9. 配电箱和开关箱的使用要求

(1)在停电、送电时,配电箱、开关箱之间应遵守合理的操作顺序。

送电操作顺序:总配电箱→分配电箱→开关箱。

断电操作顺序:开关箱→分配电箱→总配电箱。

正常情况下,停电时首先分断自动开关,然后分断隔离开关;送电时先合隔离开关,后合自动开关。

(2)使用配电箱、开关箱时,操作者应接受岗前培训,熟悉所使用设备的电气性能和掌握有关开关的正确操作方法。

(3)及时检查、维修,更换熔断器的熔丝必须用原规格的熔丝,严禁用铜线、铁线代替。

(4)配电箱的工作环境应经常保持设置时的要求,不得在其周围堆放任何杂物,保持必要的操作空间和通道。

(5)维修机器停电作业时,要与电源负责人联系停电,要悬挂警示标志,卸下保险丝,锁上开关箱。

10. 手持电动机具的安全使用要求

(1)一般场所应选用Ⅰ类手持式电动工具,并应装设额定漏电动作电流不大于15mA、额定漏电动作时间小于0.1s的漏电保护器。

(2)在露天、潮湿场所或金属构架上操作时,必须选用Ⅱ类手持式电动工具,并装设漏电保护器,严禁使用Ⅰ类手持式电动工具。

(3)负荷线必须采用耐用的橡皮护套铜芯软电缆。

单相用三芯(其中一芯为保护零线)电缆;三相用四芯(其中一芯为保护零线)电缆;电缆不得有破损或老化现象,中间不得有接头。

(4)手持电动工具应配备装有专用的电源开关和漏电保护器的开关箱,严禁一台开关接两台以上设备,其电源开关应采用双刀控制。

(5)手持电动工具开关箱内应采用插座连接,其插头、插座应无损坏、无裂纹,且绝缘良好。

(6)使用手持电动工具前,必须检查外壳、手柄、负荷线、插头等是否完好无损,接线是否正确(防止相线与零线错接);发现工具外壳、手柄破裂,应立即停止使用并进行更换。

(7)非专职人员不得擅自拆卸和修理工具。

(8)作业人员使用手持电动工具时,应穿绝缘鞋,戴绝缘手套,操作时握其手柄,不得利用电缆提拉。

(9)长期搁置不用或受潮的工具在使用前应由电工测量绝缘阻值是否符合要求。

11. 触电事故及原因分析

(1)缺乏电气安全知识,自我保护意识淡薄。

电气设施安装或接线不是由专业电工操作，而是由非专业人员安装。安装人又无基本的电气安全知识，装设不符合电气基本要求，造成意外的触电事故。发生这种触电事故的原因都是缺乏电气安全知识，无自我保护意识。

(2)违反安全操作规程。

施工现场中，有人图方便，不用插头，在电箱乱拉乱接电线。还有人在宿舍私自拉接电线照明，在床上接音响设备、电风扇，有的甚至烧水、做饭等，极易造成触电事故。也有人凭经验用手去试探电器是否带电或不采取安全措施带电作业，或带着侥幸心理，在带电体(如高压线)周围，不采取任何安全措施，违章作业，造成触电事故等。

(3)不使用“TN-S”接零保护系统。

有的工地未使用“TN-S”接零保护系统，或者未按要求连接专用保护接零线，无有效地安全保护系统。不按“三级配电二级保护”“一机、一闸、一漏、一箱”设置，造成工地用电使用混乱，易造成误操作，并且在触电时，使得安全保护系统未起可靠的安全保护效果。

(4)电气设备安装不合格。

电气设备安装必须遵守安全技术规定，否则由于安装错误，当人身接触带电部分时，就会造成触电事故。如电线高度不符合安全要求，太低，架空线乱拉、乱扯，有的还将电线拴在脚手架上，导线的接头只用老化的绝缘布包上，以及电气设备没有做保护接地、保护接零等，一旦漏电就会发生严重触电事故。

(5)电气设备缺乏正常检修和维护。

由于电气设备长期使用，易出现电气绝缘老化、导线裸露、胶盖刀闸胶木破损、插座盖子损坏等。如不及时检修，一旦漏电，将造成严重后果。

(6)偶然因素。

电力线被风刮断，导线接触地面引起跨步电压，当人走近该地区时就会发生触电事故。

六、起重吊装机械安全操作常识

1. 基本要求

塔式起重机、施工电梯、物料提升机等施工起重机械的操作(也称为司机)、指挥、司索等作业人员属特种作业，必须按国家有关规定经专门安全作业培训，取得特种作业操作资格证书，方可上岗作业。

施工起重机械(也称垂直运输设备)必须由有相应的制造(生产)许可证的企业生产，并有出厂合格证。其安装、拆除、加高及附墙施工作业，必须由有相应作业资格的队伍作业，作业人员必须按国家有关规定经专门安全作业培训，取得特种作业操作资格证书，方可上岗作业。其他非专业人员不得上岗作业。安装、拆卸、加高及附墙施工作业前，必须有经审批、审查的施工方案，并进行方案及安全技术交底。

2. 塔式起重机使用安全常识

(1)起重机“十不吊”。

①起重臂和吊起的重物下面有人停留或行走不准吊。

②起重指挥应由技术培训合格的专职人员担任，无指挥或信号不清不准吊。

③钢筋、型钢、管材等细长和多根物件必须捆扎牢靠，多点起吊。单头“千斤”或捆扎不牢靠不准吊。

④多孔板、积灰斗、手推翻斗车不用四点吊或大模板外挂板

不用卸甲不准吊。预制钢筋混凝土楼板不准双拼吊。

⑤吊砌块必须使用安全可靠的砌块夹具，吊砖必须使用砖笼，并堆放整齐。木砖、预埋件等零星物件要用盛器堆放稳妥，叠放不齐不准吊。

⑥楼板、大梁等吊物上站人不准吊。

⑦埋入地下的板桩、井点管等以及粘连、附着的物件不准吊。

⑧多机作业，应保证所吊重物距离不小于3m，在同一轨道上多机作业，无安全措施不准吊。

⑨六级以上强风不准吊。

⑩斜拉重物或超过机械允许荷载不准吊。

(2)塔式起重机吊运作业区域内严禁无关人员入内，起吊物下方不准站人。

(3)司机(操作)、指挥、司索等工种应按有关要求配备，其他人员不得作业。

(4)六级以上强风不准吊运物件。

(5)作业人员必须听从指挥人员的指挥，吊物起吊前作业人员应撤离。

(6)吊物的捆绑要求。

①吊运物件时，应清楚重量，吊运点及绑扎应牢固可靠。

②吊运散件物时，应用铁制合格料斗，料斗上应设有专用的牢固的吊装点；料斗内装物高度不得超过料斗上口边，散粒状的轻浮易撒物盛装高度应低于上口边线10cm。

③吊运长条状物品(如钢筋、长条状木方等)，所吊物件应在物品上选择两个均匀、平衡的吊点，绑扎牢固。

④吊运有棱角、锐边的物品时，钢丝绳绑扎处应做好防护措施。

3. 施工电梯使用安全常识

施工电梯也称外用电梯，也有称为（人、货两用）施工升降机，是施工现场垂直运输人员和材料的主要机械设备。

（1）施工电梯投入使用前，应在首层搭设出入口防护棚，防护棚应符合有关高处作业规范。

（2）电梯在大雨、大雾、六级以上大风以及导轨架、电缆等结冰时，必须停止使用，并将梯笼降到底层，切断电源。暴风雨后，应对电梯各安全装置进行一次检查，确认正常，方可使用。

（3）电梯底笼周围 2.5m 范围，应设置防护栏杆。

（4）电梯各出料口运输平台应平整牢固，还应安装牢固可靠的栏杆和安全门，使用时安全门应保持关闭。

（5）电梯使用应有明确的联络信号，禁止用敲打、呼叫等方式联络。

（6）乘坐电梯时，应先关好安全门，再关好梯笼门，方可启动电梯。

（7）梯笼内乘人或载物时，应使载荷均匀分布，不得偏重；严禁超载运行。

（8）等候电梯时，应站在建筑物内，不得聚集在通道平台上，也不得将头手伸出栏杆和安全门外。

（9）电梯每班首次载重运行时，当梯笼升离地面 1～2m 时，应停机试验制动器的可靠性；当发现制动效果不良时，应调整或修复后方可投入使用。

（10）操作人员应根据指挥信号操作。作业前应鸣声示意。在电梯未切断总电源开关前，操作人员不得离开操作岗位。

（11）施工电梯发生故障的处理。

①当运行中发现异常情况时，应立即停机并采取有效措施，

将梯笼降到底层，排除故障后方可继续运行。

②在运行中发现电梯失控时，应立即按下急停按钮；在未排除故障前，不得打开急停按钮。

③在运行中发现制动器失灵时，可将梯笼开至底层维修；或者让其下滑防坠安全器制动。

④在运行中发现故障时，不要惊慌，电梯的安全装置将提供可靠的保护；应听从专业人员的安排，或等待修复，或听从专业人员的指挥撤离。

(12)作业后，应将梯笼降到底层，各控制开关拨到零位，切断电源，锁好开关箱，闭锁梯笼门和围护门。

4. 物料提升机使用安全常识

物料提升机有龙门架、井字架式的，也有的称为(货用)施工升降机，是施工现场物料垂直运输的主要机械设备。

(1)物料提升机用于运载物料，严禁载人上下；装卸料人员、维修人员必须在安全装置可靠或采取了可靠的措施后，方可进入吊笼内作业。

(2)物料提升机进料口必须加装安全防护门，并按高处作业规范搭设防护棚，并设安全通道，防止从棚外进入架体中。

(3)物料提升机在运行时，严禁对设备进行保养、维修，任何人不得攀登架体或从架体内穿过。

(4)运载物料的要求。

①运送散料时，应使用料斗装载，并放置平稳；使用手推斗车装置于吊笼时，必须将手推斗车平稳并制动放置，注意车把手及车不能伸出吊笼。

②运送长料时，物料不得超出吊笼；物料立放时，应捆绑牢固。

③物料装载时，应均匀分布，不得偏重，严禁超载运行。

(5)物料提升机的架体应有附墙或缆风绳，并应牢固可靠，符合说明书和规范的要求。

(6)物料提升机的架体外侧应用小网眼安全网封闭，防止物料在运行时坠落。

(7)禁止在物料提升机架体上进行焊接、切割或者钻孔等作业，防止损伤架体的任何构件。

(8)出料口平台应牢固可靠，并应安装防护栏杆和安全门。运行时安全门应保持关闭。

(9)吊笼上应有安全门，防止物料坠落；并且安全门应与安全停靠装置联锁。安全停靠装置应灵敏可靠。

(10)楼层安全防护门应有电气或机械锁装置，在安全门未可靠关闭时，禁止吊笼运行。

(11)作业人员等待吊笼时，应在建筑物内或者平台内距安全门 1m 以外处等待。严禁将头、手伸出栏杆或安全门。

(12)进出料口应安装明确的联络信号，高架提升机还应有可视系统。

5. 起重吊装作业安全常识

起重吊装是指建筑工程中，采用相应的机械设备和设施来完成结构吊装和设施安装，属于危险作业，作业环境复杂，技术难度大。

(1)作业前应根据作业特点编制专项施工方案，并对参加作业人员进行方案和安全技术交底。

(2)作业时周边应设置警戒区域，设置醒目的警示标志，防止无关人员进入；特别危险处应设监护人员。

(3)起重吊装作业大多数作业点都必须由专业技术人员作

业;属于特种作业的人员必须按国家有关规定经专门安全作业培训,取得特种作业操作资格证书,方可上岗作业。

(4)作业人员应根据现场作业条件选择安全的位置作业。在卷扬机与地滑轮穿越钢丝绳的区域,禁止人员站立和通行。

(5)吊装过程必须设有专人指挥,其他人员必须服从指挥。起重指挥不能兼作其他工种,并应确保起重司机清晰准确地听到指挥信号。

(6)作业过程必须遵守起重机"十不吊"原则。

(7)被吊物的捆绑要求,按塔式起重机被吊物捆绑作业要求。

(8)构件存放场地应该平整坚实。构件叠放用方木垫平,必须稳固,不准超高(一般不宜超过1.6m)。构件存放除设置垫木外,必要时要设置相应的支撑,提高其稳定性。禁止无关人员在堆放的构件中穿行,防止发生构件倒塌挤人事故。

(9)在露天遇六级以上大风或大雨、大雪、大雾等天气时,应停止起重吊装作业。

(10)起重机作业时,起重臂和吊物下方严禁有人停留、工作或通过。重物吊运时,严禁人从上方通过。严禁用起重机载运人员。

(11)经常使用的起重工具注意事项。

①手动倒链:操作人员应经培训合格后方可上岗作业,吊物时应挂牢后慢慢拉动倒链,不得斜向拽拉。当一人拉不动时,应查明原因,禁止多人一齐猛拉。

②手搬葫芦:操作人员应经培训合格后方可上岗作业,使用前检查自锁夹钳装置的可靠性,当夹紧钢丝绳后,应能往复运动,否则禁止使用。

③千斤顶:操作人员应经培训合格后方可上岗作业,千斤顶

置于平整坚实的地面上，并垫木板或钢板，防止地面沉陷。顶部与光滑物接触面应垫硬木，防止滑动。开始操作应逐渐顶升，注意防止顶歪，始终保持重物的平衡。

七、中小型施工机械安全操作常识

1. 基本安全操作要求

施工机械的使用必须按“定人、定机”制度执行。操作人员必须经培训合格，方可上岗作业，其他人员不得擅自使用。机械使用前，必须对机械设备进行检查，各部位确认完好无损，并空载试运行，符合安全技术要求，方可使用。

施工现场机械设备必须按其控制的要求，配备符合规定的控制设备，严禁使用倒顺开关。在使用机械设备时，必须严格按照安全操作规程，严禁违章作业；发现有故障、有异常响动、温度异常升高时，都必须立即停机，经过专业人员维修，并检验合格后，方可重新投入使用。

操作人员应做到“调整、紧固、润滑、清洁、防腐”十字作业的要求，按有关要求对机械设备进行保养。操作人员在作业时，不得擅自离开工作岗位。下班时，应先将机械停止运行，然后断开电源，锁好电箱，方可离开。

2. 混凝土(砂浆)搅拌机安全操作要求

(1)搅拌机的安装一定要平稳、牢固。长期固定使用时，应埋置地脚螺栓；短期使用时，应在机座上铺设木枕或撑架找平，牢固放置。

(2)料斗提升时，严禁在料斗下工作或穿行。清理料斗坑时，必须先切断电源，锁好电箱，并将料斗双保险钩挂牢或插上保险插销。

(3)运转时,严禁将头或手伸入料斗与机架之间查看,不得用工具或物件伸入搅拌筒内。

(4)运转中严禁保养维修。维修保养搅拌机,必须拉闸断电,锁好电箱,挂好“有人工作,严禁合闸”牌,并有专人监护。

3. 混凝土振动器安全操作要求

常用的混凝土振动器有插入式和平板式。

(1)振动器应安装漏电保护装置,保护接零应牢固可靠。作业时操作人员应穿戴绝缘胶鞋和绝缘手套。

(2)使用前,应检查各部位无损伤,并确认连接牢固,旋转方向正确。

(3)电缆线应满足操作所需的长度。严禁用电缆线拖拉或吊挂振动器。振动器不得在初凝的混凝土、地板、脚手架和干硬的地面上进行试振。在检修或作业间断时,应断开电源。

(4)作业时,振动棒软管的弯曲半径不得小于500mm,并不得多于两个弯,操作时应将振动棒垂直地沉入混凝土,不得用力硬插、斜推或让钢筋夹住棒头,也不得全部插入混凝土中,插入深度不应超过棒长的3/4,不宜触及钢筋、芯管及预埋件。

(5)作业停止需移动振动器时,应先关闭电动机,再切断电源。不得用软管拖拉电动机。

(6)平板式振动器工作时,应使平板与混凝土保持接触,待表面出浆,不再下沉后,即可缓慢移动;运转时,不得搁置在已凝或初凝的混凝土上。

(7)移动平板式振动器应使用干燥绝缘的拉绳,不得用脚踢电动机。

4. 钢筋切断机安全操作要求

(1)机械未达到正常转速时,不得切料。切料时,应使用切刀的中、下部位,紧握钢筋对准刃口迅速投入,操作者应站在固定刀片一侧用力压住钢筋,应防止钢筋末端弹出伤人。严禁用两手在刀片两边握住钢筋俯身送料。

(2)不得剪切直径及强度超过机械铭牌规定的钢筋和烧红的钢筋。一次切断多根钢筋时,其总截面积应在规定范围内。

(3)切断短料时,手和切刀之间的距离应保持在150mm以上,如手握端小于400mm时,应采用套管或夹具将钢筋短头压住或夹牢。

(4)运转中严禁用手直接清除切刀附近的断头和杂物。钢筋摆动周围和切刀周围,不得停留非操作人员。

5. 钢筋弯曲机安全操作要求

(1)应按加工钢筋的直径和弯曲半径的要求,装好相应规格的芯轴和成型轴、挡铁轴。芯轴直径应为钢筋直径的2.5倍。挡铁轴应有轴套,挡铁轴的直径和强度不得小于被弯钢筋的直径和强度。

(2)作业时,应将钢筋需弯曲一端插入转盘固定销的间隙内,另一端紧靠机身固定销,并用手压紧;应检查机身固定销并确认安放在挡住钢筋的一侧,方可开动。

(3)作业中,严禁更换轴芯、销子和变换角度以及调整,也不得进行清扫和加油。

(4)对超过机械铭牌规定直径的钢筋严禁进行弯曲。不直的钢筋不得在弯曲机上弯曲。

(5)在弯曲钢筋的作业半径内和机身不设固定销的一侧严禁站人。

(6)转盘换向时,应待停稳后进行。

(7)作业后,应及时清除转盘及插入座孔内的铁锈、杂物等。

6. 钢筋调直切断机安全操作要求

(1)应按调直钢筋的直径,选用适当的调直块及传动速度。调直块的孔径应比钢筋直径大 2～5mm,传动速度应根据钢筋直径选用,直径大的宜选用慢速,经调试合格,方可作业。

(2)在调直块未固定、防护罩未盖好前不得送料。作业中严禁打开各部防护罩并调整间隙。

(3)当钢筋送入后,手与轮应保持一定的距离,不得接近。

(4)送料前应将不直的钢筋端头切除。导向筒前应安装一根 1m 长的钢管,钢筋应穿过钢管再送入调直机前端的导孔内。

7. 钢筋冷拉安全操作要求

(1)卷扬机的位置应使操作人员能见到全部的冷拉场地,卷扬机与冷拉中线的距离不得少于 5m。

(2)冷拉场地应在两端地锚外侧设置警戒区,并应安装防护栏及醒目的警示标志。严禁非作业人员在此停留。操作人员在作业时必须离开钢筋 2m 以外。

(3)卷扬机操作人员必须看到指挥人员发出的信号,并待所有的人员离开危险区后方可作业。冷拉应缓慢、均匀。当有停车信号或有人进入危险区时,应立即停拉,并稍稍放松卷扬机钢丝绳。

(4)夜间作业的照明设施,应装设在张拉危险区外。当需要装设在场地上空时,其高度应超过 5m。灯泡应加防护罩。

8. 圆盘锯安全操作要求

(1)锯片必须平整,锯齿尖锐,不得连续缺齿 2 个,裂纹长度不得超过 20mm。

(2)被锯木料厚度,以锯片能露出木料 10～20mm 为限。

(3)启动后,必须等待转速正常后,方可进行锯料。

(4)关料时,不得将木料左右晃动或者高抬,遇木节要慢送料。锯料长度不小于 500mm。接近端头时,应用推棍送料。

(5)若锯线走偏,应逐渐纠正,不得猛扳。

(6)操作人员不应站在锯片同一直线上操作。手臂不得跨越锯片工作。

9. 蛙式夯实机安全操作要求

(1)夯实作业时,应一人扶夯,一人传递电缆线,且必须戴绝缘手套和穿绝缘鞋。电缆线不得扭结或缠绕,且不得张拉过紧,应保持有 3～4m 的余量。移动时,应将电缆线移至夯机后方,不得隔机扔电缆线,当转向困难时,应停机调整。

(2)作业时,手握扶手应保持机身平衡,不得用力向后压,并应随时调整行进方向。转弯时不宜用力过猛,不得急转弯。

(3)夯实填高土方时,应在边缘以内 100～150mm 夯实 2～3 遍后,再夯实边缘。

(4)在较大基坑作业时,不得在斜坡上夯行,应避免造成夯头后折。

(5)夯实房心土时,夯板应避开房心地下构筑物、钢筋混凝土基桩、机座及地下管道等。

(6)在建筑物内部作业时,夯板或偏心块不得打在墙壁上。

(7)多机作业时,机平列间距不得小于 5m,前后间距不得小于10m。

(8)夯机前进方向和夯机四周1m范围内,不得站立非操作人员。

10. 振动冲击夯安全操作要求

(1)内燃冲击夯启动后,内燃机应慢速运转3～5min,然后逐渐加大油门,待夯机跳动稳定后,方可作业。

(2)电动冲击夯在接通电源启动后,应检查电动机旋转方向,有错误时应倒换相联系线。

(3)作业时应正确掌握夯机,不得倾斜,手把不宜握得过紧,能控制夯机前进速度即可。

(4)正常作业时,不得使劲往下压手把,以免影响夯机跳起高度。在较松的填料上作业或上坡时,可将手把稍向下压,增加夯机前进速度。

(5)电动冲击夯操作人员必须戴绝缘手套,穿绝缘鞋。作业时,电缆线不应拉得过紧,应经常检查线头安装,不得松动及引起漏电。严禁冒雨作业。

11. 潜水泵安全操作要求

(1)潜水泵宜先装在坚固的篮筐里再放入水中,亦可在水中将泵的四周设立坚固的防护围网。泵应直立于水中,水深不得小于0.5m,不得在含有泥沙的水中使用。

(2)潜水泵放入水中或提出水面时,应先切断电源,严禁拉拽电缆或出水管。

(3)潜水泵应装设保护接零和漏电保护装置,工作时泵周围30m以内水面,不得有人、畜进入。

(4)应经常观察水位变化,叶轮中心至水平距离应在0.5～

3.0m之间,泵体不得陷入污泥或露出水面。电缆不得与井壁、池壁相擦。

(5)每周应测定一次电动机定子绕组的绝缘电阻,其值应无下降。

12. 交流电焊机安全操作要求

(1)外壳必须有保护接零,应有二次空载降压保护器和触电保护器。

(2)电源应使用自动开关,接线板应无损坏,有防护罩。一次线长度不超过5m,二次线长度不得超过30m。

(3)焊接现场10m范围内,不得有易燃、易爆物品。

(4)雨天不得室外作业。在潮湿地点焊接时,要站在胶板或其他绝缘材料上。

(5)移动电焊机时,应切断电源,不得用拖拉电缆的方法移动。当焊接中突然停电时,应立即切断电源。

13. 气焊设备安全操作要求

(1)氧气瓶与乙炔瓶使用时的间距不得小于5m,存放时的间距不得小于3m,并且距高温、明火等不得小于10m;达不到上述要求时,应采取隔离措施。

(2)乙炔瓶存放和使用必须立放,严禁倒放。

(3)在移动气瓶时,应使用专门的抬架或小推车;严禁氧气瓶与乙炔瓶混合搬运;禁止直接使用钢丝绳、链条捆绑搬运。

(4)开关气瓶应使用专用工具。

(5)严禁敲击、碰撞气瓶,作业人员工作时不得吸烟。

第4部分　相关法律法规及务工常识

一、相关法律法规（摘录）

1. 中华人民共和国建筑法（摘录）

第三十六条　建筑工程安全生产管理必须坚持安全第一、预防为主的方针，建立健全安全生产的责任制度和群防群治制度。

第四十四条　建筑施工企业必须依法加强对建筑安全生产的管理，执行安全生产责任制度，采取有效措施，防止伤亡和其他安全生产事故的发生。

建筑施工企业的法定代表人对本企业的安全生产负责。

第四十六条　建筑施工企业应当建立健全劳动安全生产教育培训制度，加强对职工安全生产的教育培训；未经安全生产教育培训的人员，不得上岗作业。

第四十七条　建筑施工企业和作业人员在施工过程中，应当遵守有关安全生产的法律、法规和建筑行业安全规章、规程，不得违章指挥或者违章作业。作业人员有权对影响人身健康的作业程序和作业条件提出改进意见，有权获得安全生产所需的防护用品。作业人员对危及生命安全和人身健康的行为有权提出批评、检举和控告。

第四十八条　建筑施工企业应当依法为职工参加工伤保险，缴纳工伤保险费，鼓励企业为从事危险作业的职工办理意外伤害保险，支付保险费。

第五十一条　施工中发生事故时，建筑施工企业应当采取紧急措施减少人员伤亡和事故损失，并按照国家有关规定及时向有关部门报告。

2. 中华人民共和国劳动法（摘录）

第三条　劳动者享有平等就业和选择职业的权利、取得劳动报酬的权利、休息休假的权利、获得劳动安全卫生保护的权利、接受职业技能培训的权利、享受社会保险和福利的权利、提请劳动争议处理的权利以及法律规定的其他劳动权利。劳动者应当完成劳动任务，提高职业技能，执行劳动安全卫生规程，遵守劳动纪律和职业道德。

第十五条　禁止用人单位招用未满十六周岁的未成年人。

第十六条　劳动合同是劳动者与用人单位确立劳动关系、明确双方权利和义务的协议。

建立劳动关系应当订立劳动合同。

第五十四条　用人单位必须为劳动者提供符合国家规定的劳动安全卫生条件和必要的劳动防护用品，对从事有职业危害作业的劳动者应当定期进行健康检查。

第五十五条　从事特种作业的劳动者必须经过专门培训并取得特种作业资格。

第五十六条　劳动者在劳动过程中必须严格遵守安全操作规程。劳动者对用人单位管理人员违章指挥、强令冒险作业，有权拒绝执行；对危害生命安全和身体健康的行为，有权提出批评、检举和控告。

第五十八条　国家对女职工和未成年工实行特殊劳动保护。

未成年工是指年满十六周岁、未满十八周岁的劳动者。

第六十八条 用人单位应当建立职业培训制度，按照国家规定提取和使用职业培训经费，根据本单位实际，有计划地对劳动者进行职业培训。从事技术工种的劳动者，上岗前必须经过培训。

第七十二条 用人单位和劳动者必须依法参加社会保险，缴纳社会保险费。

第七十七条 用人单位与劳动者发生劳动争议，当事人可以依法申请调解、仲裁、提起诉讼，也可协商解决。调解原则适用于仲裁和诉讼程序。

3. 中华人民共和国安全生产法（摘录）

第六条 生产经营单位的从业人员有依法获得安全生产保障的权利，并应当依法履行安全生产方面的义务。

第十七条 生产经营单位应当具备本法和有关法律、行政法规和国家标准或者行业标准规定的安全生产条件；不具备安全生产条件的，不得从事生产经营活动。

第十八条 生产经营单位的主要负责人对本单位安全生产工作负有下列职责：

（一）建立、健全本单位安全生产责任制；

（二）组织制定本单位安全生产规章制度和操作规程；

（三）组织制定并实施本单位安全生产教育和培训计划；

（四）保证本单位安全生产投入的有效实施；

（五）督促、检查本单位的安全生产工作，及时消除生产安全事故隐患；

（六）组织制定并实施本单位的生产安全事故应急救援预案；

（七）及时、如实报告生产安全事故。

第二十五条　生产经营单位应当对从业人员进行安全生产教育和培训，保证从业人员具备必要的安全生产知识，熟悉有关的安全生产规章制度和安全操作规程，掌握本岗位的安全操作技能，了解事故应急处理措施，知悉自身在安全生产方面的权利和义务。未经安全生产教育和培训合格的从业人员，不得上岗作业。

第二十七条　生产经营单位的特种作业人员必须按照国家有关规定经专门的安全作业培训，取得相应资格，方可上岗作业。

特种作业人员的范围由国务院安全生产监督管理部门会同国务院有关部门确定。

第四十一条　生产经营单位应当教育和督促从业人员严格执行本单位的安全生产规章制度和安全操作规程；并向从业人员如实告知作业场所和工作岗位存在的危险因素、防范措施以及事故应急措施。

第四十二条　生产经营单位必须为从业人员提供符合国家标准或者行业标准的劳动防护用品，并监督、教育从业人员按照使用规则佩戴、使用。

第四十四条　生产经营单位应当安排用于配备劳动防护用品、进行安全生产培训的经费。

第四十八条　生产经营单位必须依法参加工伤保险，为从业人员缴纳保险费。

国家鼓励生产经营单位投保安全生产责任保险。

第四十九条　生产经营单位与从业人员订立的劳动合同，应当载明有关保障从业人员劳动安全、防止职业危害的事项，以及依法为从业人员办理工伤保险的事项。

生产经营单位不得以任何形式与从业人员订立协议，免除或者减轻其对从业人员因生产安全事故伤亡依法应承担的责任。

第五十条　生产经营单位的从业人员有权了解其作业场所和工作岗位存在的危险因素、防范措施及事故应急措施，有权对本单位的安全生产工作提出建议。

第五十一条　从业人员有权对本单位安全生产工作中存在的问题提出批评、检举、控告，有权拒绝违章指挥和强令冒险作业。

生产经营单位不得因从业人员对本单位安全生产工作提出批评、检举、控告或者拒绝违章指挥、强令冒险作业而降低其工资、福利等待遇，或者解除与其订立的劳动合同。

第五十二条　从业人员发现直接危及人身安全的紧急情况时，有权停止作业或者在采取可能的应急措施后撤离作业场所。

生产经营单位不得因从业人员在前款紧急情况下停止作业或者采取紧急撤离措施而降低其工资、福利等待遇或者解除与其订立的劳动合同。

第五十三条　因生产安全事故受到损害的从业人员，除依法享有工伤保险外，依照有关民事法律尚有获得赔偿的权利的，有权向本单位提出赔偿要求。

第五十四条　从业人员在作业过程中，应当严格遵守本单位的安全生产规章制度和操作规程，服从管理，正确佩戴和使用劳动防护用品。

第五十五条　从业人员应当接受安全生产教育和培训，掌握本职工作所需的安全生产知识，提高安全生产技能，增强事故预防和应急处理能力。

第五十六条　从业人员发现事故隐患或者其他不安全因

素，应当立即向现场安全生产管理人员或者本单位负责人报告；接到报告的人员应当及时予以处理。

4. 建设工程安全生产管理条例（摘录）

第十八条　施工起重机械和整体提升脚手架、模板等自升式架设设施的使用达到国家规定的检验、检测期限的，必须经具有专业资质的检验、检测机构检测。经检测不合格的，不得继续使用。

第二十五条　垂直运输机械作业人员、安装拆卸工、爆破作业人员、起重信号工、登高架设作业人员等特种作业人员，必须按照国家有关规定经过专门的安全作业培训，并取得特种作业操作资格证书后，方可上岗作业。

第二十七条　建设工程施工前，施工单位负责项目管理的技术人员应当对有关安全施工的技术要求向施工作业班组、作业人员做出详细说明，并由双方签字确认。

第二十八条　施工单位应当在施工现场入口处、施工起重机械、临时用电设施、脚手架、出入通道口、楼梯口、电梯井口、孔洞口、桥梁口、隧道口、基坑边沿、爆破物及有害危险气体和液体存放处等危险部位，设置明显的安全警示标志。安全标志必须符合国家标准。

第二十九条　施工单位应当将施工现场的办公、生活区与作业区分开设置，并保持安全距离；办公、生活区的选择应当符合安全性要求。职工的膳食、饮水、休息场所等应当符合卫生标准。施工单位不得在尚未竣工的建筑物内设置员工集体宿舍。

施工现场临时搭建的建筑物应当符合安全使用要求。施工现场使用的装配式活动房屋应当具有产品合格证。

第三十二条　施工单位应当向作业人员提供安全防护用具

和安全防护服装，并书面告知危险岗位的操作规程和违章操作的危害。

作业人员有权对施工现场的作业条件、作业程序和作业方式中存在的安全问题提出批评、检举和控告，有权拒绝违章指挥和强令冒险作业。

在施工中发生危及人身安全的紧急情况时，作业人员有权立即停止作业或者在采取必要的应急措施后撤离危险区域。

第三十三条　作业人员应当遵守安全施工的强制性标准、规章制度和操作规程，正确使用安全防护用具、机械设备等。

第三十六条　施工单位应当对管理人员和作业人员每年至少进行一次安全生产教育培训，其教育培训情况记入个人工作档案。安全生产教育培训考核不合格的人员，不得上岗。

第三十七条　作业人员进入新的岗位或者新的施工现场前，应当接受安全生产教育培训。未经教育培训或者教育培训考核不合格的人员，不得上岗作业。

施工单位在采用新技术、新工艺、新设备、新材料时，应当对作业人员进行相应的安全生产教育培训。

第三十八条　施工单位应当为施工现场从事危险作业的人员办理意外伤害保险。

意外伤害保险费由施工单位支付。

5. 工伤保险条例(摘录)

第二条　中华人民共和国境内的企业、事业单位、社会团体、民办非企业单位、基金会、律师事务所、会计师事务所等组织和有雇工的个体工商户(以下称用人单位)应当依照本条例规定参加工伤保险，为本单位全部职工或者雇工(以下称职工)缴纳工伤保险费。

中华人民共和国境内的企业、事业单位、社会团体、民办非企业单位、基金会、律师事务所、会计师事务所等组织的职工和个体工商户的雇工，均有依照本条例的规定享受工伤保险待遇的权利。

第十条　用人单位应当按时缴纳工伤保险费。职工个人不缴纳工伤保险费。

第二十一条　职工发生工伤，经治疗伤情相对稳定后存在残疾、影响劳动能力的，应当进行劳动能力鉴定。

第三十条　职工因工作遭受事故伤害或者患职业病进行治疗，享受工伤医疗待遇……

二、务工就业及社会保险

1. 劳动合同

(1)用人单位应当依法与劳动者签订劳动合同。

劳动合同是劳动者与用人单位确立劳动关系、明确双方权利和义务的协议。建立劳动关系应当订立劳动合同。订立和变更劳动合同，应遵循平等自愿、协商一致的原则，不得违反法律、行政法规的规定。劳动合同应当具备以下必备条款：

①劳动合同期限。即劳动合同的有效时间。

②工作内容。即劳动者在劳动合同有效期内所从事的工作岗位(工种)，以及工作应达到的数量、质量指标或者应当完成的任务。

③劳动保护和劳动条件。即为了保障劳动者在劳动过程中的安全、卫生及其他劳动条件，用人单位根据国家有关法律、法规而采取的各项保护措施。

④劳动报酬。即在劳动者提供了正常劳动的情况下，用人

单位应当支付的工资。

⑤劳动纪律。即劳动者在劳动过程中必须遵守的工作秩序和规则。

⑥劳动合同终止的条件。即除了期限以外其他由当事人约定的特定法律事实,这些事实一出现,双方当事人之间的权利义务关系终止。

⑦违反劳动合同的责任。即当事人不履行劳动合同或者不完全履行劳动合同,所应承担的相应法律责任。

(2)试用期应包括在劳动合同期限之中。

根据《中华人民共和国劳动法》(以下简称《劳动法》)规定,用人单位与劳动者签订的劳动合同期限可以分为三类:

①有固定期限,即在合同中明确约定效力期间,期限可长可短,长到几年、十几年,短到一年或者几个月。

②无固定期限,即劳动合同中只约定了起始日期,没有约定具体终止日期。无固定期限劳动合同可以依法约定终止劳动合同条件,在履行中只要不出现约定的终止条件或法律规定的解除条件,一般不能解除或终止,劳动关系可以一直存续到劳动者退休为止。

③以完成一定的工作为期限,即以完成某项工作或者某项工程为有效期限,该项工作或者工程一经完成,劳动合同即终止。

签订劳动合同可以不约定试用期,也可以约定试用期,但试用期最长不得超过6个月。劳动合同期限在6个月以下的,试用期不得超过15日;劳动合同期限在6个月以上1年以下的,试用期不得超过30日;劳动合同期限在1年以上2年以下的,试用期不得超过60日。试用期包括在劳动合同期限中。非全日制劳动合同,不得约定试用期。

(3)订立劳动合同时,用人单位不得向劳动者收取定金、保证金或扣留居民身份证。

根据劳动保障部《劳动力市场管理规定》,禁止用人单位招用人员时向求职者收取招聘费用、向被录用人员收取保证金或抵押金、扣押被录用人员的身份证等证件。用人单位违反规定的,由劳动保障行政部门责令改正,并可处以1000元以下罚款;对当事人造成损害的,应承担赔偿责任。

(4)劳动者不必履行无效的劳动合同。

①无效的劳动合同是指不具有法律效力的劳动合同。根据《劳动法》的规定,下列劳动合同无效:

a. 违反法律、行政法规的劳动合同。

b. 采取欺诈、威胁等手段订立的劳动合同。劳动合同的无效,由劳动争议仲裁委员会或者人民法院确认。无效的劳动合同,从订立的时候起,就没有法律约束力。也就是说,劳动者自始至终都无须履行无效劳动合同。确认劳动合同部分无效的,如果不影响其余部分的效力,其余部分仍然有效。

②由于用人单位的原因订立的无效合同,对劳动者造成损害的,应当承担赔偿责任。具体包括:

a. 造成劳动者工资收入损失的,按劳动者本人应得工资收入支付给劳动者,并加付应得工资收入25%的赔偿费用。

b. 造成劳动者劳动保护待遇损失的,应按国家规定补足劳动者的劳动保护津贴和用品。

c. 造成劳动者工伤、医疗待遇损失的,除按国家规定为劳动者提供工伤、医疗待遇外,还应支付劳动者相当于医疗费用25%的赔偿费用。

d. 造成女职工和未成年工身体健康损害的,除按国家规定提供治疗期间的医疗待遇外,还应支付相当于其医疗费用25%

的赔偿费用。

e.劳动合同约定的其他赔偿费用。

(5)用人单位不得随意变更劳动合同。

劳动合同的变更,是指劳动关系双方当事人就已订立的劳动合同的部分条款达成修改、补充或者废止协定的法律行为。《劳动法》规定,变更劳动合同,应当遵循平等自愿、协商一致的原则,不得违反法律、行政法规的规定。经双方协商同意依法变更后的劳动合同继续有效,对双方当事人都有约束力。

(6)解除劳动合同应当符合《劳动法》的规定。

劳动合同的解除,是指劳动合同有效成立后至终止前这段时期内,当具备法律规定的劳动合同解除条件时,因用人单位或劳动者一方或双方提出,而提前解除双方的劳动关系。根据《劳动法》的规定,劳动者可以和用人单位协商解除劳动合同,也可以在符合法律规定的情况下单方解除劳动合同。

①劳动者单方解除。

a.《劳动法》第三十一条规定:劳动者解除劳动合同,应当提前三十日以书面形式通知用人单位。这是劳动者解除劳动合同的条件和程序。劳动者提前三十日以书面形式通知用人单位解除劳动合同,无须征得用人单位的同意,用人单位应及时办理有关解除劳动合同的手续。但由于劳动者违反劳动合同的有关约定而给用人单位造成经济损失的,应依据有关规定和劳动合同的约定,由劳动者承担赔偿责任。

b.《劳动法》第三十二条规定:有下列情形之一的,劳动者可以随时通知用人单位解除劳动合同:

(a)在试用期内的;

(b)用人单位以暴力、威胁或者非法限制人身自由的手段强迫劳动的;

(c)用人单位未按照劳动合同约定支付劳动报酬或者提供劳动条件的。

②用人单位单方解除。

a.《劳动法》第二十五条规定,劳动者有下列情形之一的,用人单位可以解除劳动合同:

(a)在试用期间被证明不符合录用条件的;

(b)严重违反劳动纪律或者用人单位规章制度的;

(c)严重失职、营私舞弊,对用人单位利益造成重大损害的;

(d)被依法追究刑事责任的。

b.《劳动法》第二十六条规定:有下列情形之一的,用人单位可以解除劳动合同,但是应当提前三十日以书面形式通知劳动者本人:

(a)劳动者患病或者非因工负伤,医疗期满后,既不能从事原工作也不能从事由用人单位另行安排的工作的;

(b)劳动者不能胜任工作,经过培训或者调整工作岗位,仍不能胜任工作的;

(c)劳动合同订立时所依据的客观情况发生重大变化,致使原劳动合同无法履行,经当事人协商不能就变更劳动合同达成协议的。

c.《劳动法》第二十七条规定:用人单位濒临破产进行法定整顿期间或者生产经营状况发生严重困难,确需裁减人员的,应当提前三十日向工会或者全体职工说明情况,听取工会或者职工的意见,经向劳动保障行政部门报告后,可以裁减人员。并且规定,用人单位自裁减人员之日起六个月内录用人员的,应当优先录用被裁减的人员。

(7)用人单位解除劳动合同应当依法向劳动者支付经济补偿金。

根据《劳动法》规定，在下列情况下，用人单位解除与劳动者的劳动合同，应当根据劳动者在本单位的工作年限，每满一年发给相当于一个月工资的经济补偿金：

①经劳动合同当事人协商一致，由用人单位解除劳动合同的。

②劳动者不能胜任工作，经过培训或者调整工作岗位仍不能胜任工作，由用人单位解除劳动合同的。

以上两种情况下支付经济补偿金，最多不超过12个月。

③劳动合同订立时所依据的客观情况发生了重大变化，致使原劳动合同无法履行，经当事人协商不能就变更劳动合同达成协议，由用人单位解除劳动合同的。

④用人单位濒临破产进行法定整顿期间或者生产经营状况发生严重困难，必须裁减人员，由用人单位解除劳动合同的。

⑤劳动者患病或者非因工负伤，经劳动鉴定委员会确认不能从事原工作，也不能从事用人单位另行安排的工作而解除劳动合同的；在这类情况下，同时应发给不低于6个月工资的医疗补助费。劳动者患重病或者绝症的还应增加医疗补助费，患重病的增加部分不低于医疗补助费的50%，患绝症的增加部分不低于医疗补助费的100%。

另外，用人单位解除劳动者劳动合同后，未按以上规定给予劳动者经济补偿的，除必须全额发给经济补偿金外，还须按欠发经济补偿金数额的50%支付额外经济补偿金。

经济补偿金应当一次性发给。劳动者在本单位工作时间不满一年的按一年的标准计算。计算经济补偿金的工资标准是企业正常生产情况下，劳动者解除合同前12个月的月平均工资；在以上第③、④、⑤类情况下，给予经济补偿金的劳动者月平均工资低于企业月平均工资的，应按企业月平均工资支付。

(8)用人单位不得随意解除劳动合同。

《劳动法》及《违反〈劳动法〉有关劳动合同规定的赔偿办法》(劳部发[1995]223号)规定,用人单位不得随意解除劳动合同。用人单位违法解除劳动合同的,由劳动保障行政部门责令改正;对劳动者造成损害的,应当承担赔偿责任。具体赔偿标准是:

①造成劳动者工资收入损失的,按劳动者本人应得工资收入支付劳动者,并加付应得工资收入25%的赔偿费用。

②造成劳动者劳动保护待遇损失的,应按国家规定补足劳动者的劳动保护津贴和用品。

③造成劳动者工伤、医疗待遇损失的,除按国家规定为劳动者提供工伤、医疗待遇外,还应支付劳动者相当于医疗费用25%的赔偿费用。

④造成女职工和未成年工身体健康损害的,除按国家规定提供治疗期间的医疗待遇外,还应支付相当于其医疗费用25%的赔偿费用。

⑤劳动合同约定的其他赔偿费用。

2. 工资

(1)用人单位应该按时足额支付工资。

《劳动法》中的"工资"是指用人单位依据国家有关规定或劳动合同的约定,以货币形式直接支付给本单位劳动者的劳动报酬,一般包括计时工资、计件工资、奖金、津贴和补贴、延长工作时间的工资报酬以及特殊情况下支付的工资等。

(2)用人单位不得克扣劳动者工资。

《劳动法》以及《违反〈中华人民共和国劳动法〉行政处罚办法》等规定,用人单位不得克扣劳动者工资。用人单位克扣劳动者工资的,由劳动保障行政部门责令支付劳动者的工资报酬,并加发相当于工资报酬25%的经济补偿金。并可责令用人单位按相当于支付劳动者工资报酬、经济补偿总和的一至五倍支付劳动者赔偿金。

“克扣工资”是指用人单位无正当理由扣减劳动者应得工资(即在劳动者已提供正常劳动的前提下,用人单位按劳动合同规定的标准应当支付给劳动者的全部劳动报酬)。

(3)用人单位不得无故拖欠劳动者工资。

《劳动法》以及《违反〈中华人民共和国劳动法〉行政处罚办法》等规定,用人单位无故拖欠劳动者工资的,由劳动保障行政部门责令支付劳动者的工资报酬,并加发相当于工资报酬25%的经济补偿金。并可责令用人单位按相当于支付劳动者工资报酬、经济补偿总和的一至五倍支付劳动者赔偿金。

“无故拖欠工资”是指用人单位无正当理由超过规定付薪时间未支付劳动者工资。

(4)农民工工资标准。

①在劳动者提供正常劳动的情况下,用人单位支付的工资不得低于当地最低工资标准。

根据《劳动法》、劳动保障部《最低工资规定》等规定,在劳动者提供正常劳动的情况下,用人单位应支付给劳动者的工资在剔除下列各项以后,不得低于当地最低工资标准:

a.延长工作时间工资。

b.中班、夜班、高温、低温、井下、有毒有害等特殊工作环境条件下的津贴。

c.法律、法规和国家规定的劳动者福利待遇等。

实行计件工资或提成工资等工资形式的用人单位,在科学合理的劳动定额基础上,其支付劳动者的工资不得低于相应的最低工资标准。

用人单位违反以上规定的，由劳动保障行政部门责令其限期补发所欠劳动者工资，并可责令其按所欠工资的一至五倍支付劳动者赔偿金。

②在非全日制劳动者提供正常劳动的情况下，用人单位支付的小时工资不得低于当地小时工资最低标准。

劳动保障部《最低工资规定》《关于非全日制用工若干问题的意见》规定，非全日制用工是指以小时计酬、劳动者在同一用人单位平均每日工作时间不超过 5h、累计每周工作时间不超过 30h 的用工形式。用人单位应当按时足额支付非全日制劳动者的工资，具体可以按小时、日、周或月为单位结算。在非全日制劳动者提供正常劳动的情况下，用人单位支付的小时工资不得低于当地小时工资最低标准。非全日制用工的小时工资最低标准由省、自治区、直辖市规定。

③用人单位安排劳动者加班加点应依法支付加班加点工资。

《劳动法》以及《违反〈中华人民共和国劳动法〉行政处罚办法》等规定，用人单位安排劳动者加班加点应依法支付加班加点工资。用人单位拒不支付加班加点工资的，由劳动保障行政部门责令支付劳动者的工资报酬，并加发相当于工资报酬 25％的经济补偿金。并可责令用人单位按相当于支付劳动者工资报酬、经济补偿总和的一至五倍支付劳动者赔偿金。

劳动者日工资可统一按劳动者本人的月工资标准除以每月制度工作天数进行折算。职工全年月平均工作天数和工作时间分别为 20.92 天和 167.4h，职工的日工资和小时工资按此进行折算。

3. 社会保险

(1)农民工有权参加基本医疗保险。

根据国家有关规定，各地要逐步将与用人单位形成劳动关系的农村进城务工人员纳入医疗保险范围。根据农村进城务工人员的特点和医疗需求，合理确定缴费率和保障方式，解决他们在务工期间的大病医疗保障问题，用人单位要按规定为其缴纳医疗保险费。对在城镇从事个体经营等灵活就业的农村进城务工人员，可以按照灵活就业人员参保的有关规定参加医疗保险。据此，在已经将农民工纳入医疗保险范围的地区，农民工有权参加医疗保险，用人单位和农民工本人应依法缴纳医疗保险费，农民工患病时，可以按照规定享受有关医疗保险待遇。

(2)农民工有权参加基本养老保险。

按照国务院《社会保险费征缴暂行条例》等有关规定，基本养老保险覆盖范围内的用人单位的所有职工，包括农民工，都应该参加养老保险，履行缴费义务。参加养老保险的农民合同制职工，在与企业终止或解除劳动关系后，由社会保险经办机构保留其养老保险关系，保管其个人账户并计息。凡重新就业的，应接续或转移养老保险关系；也可按照省级政府的规定，根据农民合同制职工本人申请，将其个人账户个人缴费部分一次性支付给本人，同时终止养老保险关系。农民合同制职工在男年满 60 周岁、女年满 55 周岁时，累计缴费年限满 15 年以上的，可按规定领取基本养老金；累计缴费年限不满 15 年的，其个人账户全部储存额一次性支付给本人。

(3)农民工有权参加失业保险。

根据《失业保险条例》规定，城镇企业事业单位招用的农民合同制工人应该参加失业保险，用人单位按规定为农民工缴纳社会保险费，农民合同制工人本人不缴纳失业保险费。单位招用的农民合同制工人连续工作满 1 年，本单位并已缴纳失业保险费，劳动合同期满未续订或者提前解除劳动合同的，由社会保险经办机构根据其工作时间长短，对其支付一次性生活补助。

补助的办法和标准由省、自治区、直辖市人民政府规定。

(4)用人单位应依法为农民工参加生育保险。

目前我国的生育保险制度还没有普遍建立,各地工作进展不平衡。从各地制定的规定看,有的地区没有将农民工纳入生育保险覆盖范围,有的地区则将农民工纳入了生育保险覆盖范围。如果农民工所在地区将农民工纳入了生育保险覆盖范围,农民工所在单位应按规定为农民工参加生育保险并缴纳生育保险费,符合规定条件的生育农民工依法享受生育保险待遇。

(5)劳动争议与调解处理。

劳动争议,也称劳动纠纷,就是指劳动关系当事人双方(用人单位和劳动者)之间因执行劳动法律、法规或者履行劳动合同以及其他劳动问题而发生劳动权利与义务方面的纠纷。

①劳动争议的范围。劳动争议的内容,是指劳动合同关系中当事人的权利与义务。所以,用人单位与劳动者之间发生的争议不都是劳动争议。只有在争议涉及劳动关系双方当事人在劳动关系中的权利和义务时,它才是劳动争议。劳动争议包括:因开除、除名、辞退职工和职工辞职、自动离职发生的争议;因执行国家有关工资、保险、福利、培训、劳动保护的规定发生的争议;因履行劳动合同发生的争议等。

②劳动争议处理机构。我国的劳动争议处理机构主要有:企业劳动争议调解委员会、各级政府劳动争议仲裁委员会和人民法院。根据《劳动法》等的规定:在用人单位内可以设劳动争议调解委员会,负责调解本单位的劳动争议;在县、市、市辖区应当设立劳动争议仲裁委员会;各级人民法院的民事审判庭负责劳动争议案件的审理工作。

③劳动争议的解决方法。根据我国有关法律、法规的规定,解决劳动争议的方法如下:

a. 协商。劳动争议发生后，双方当事人应当先进行协商，以达成解决方案。

b. 调解。就是企业调解委员会对本单位发生的劳动争议进行调解。从法律、法规的规定看，这并不是必经的程序。但它对于劳动争议的解决却起到很大作用。

c. 仲裁。劳动争议调解不成的，当事人可以向劳动争议仲裁委员会申请仲裁。当事人也可以直接向劳动争议仲裁委员会申请仲裁。当事人从知道或应当知道其权利被侵害之日起60日内，以书面形式向仲裁委员会申请仲裁。仲裁委员会应当自收到申请书之日起7日内做出受理或不予受理的决定。

d. 诉讼。当事人对仲裁裁决不服的，可以自收到仲裁裁决之日起15日内向人民法院起诉。人民法院民事审判庭受理和审理劳动争议案件。

④维护自身权益要注意法定时限。劳动者通过法律途径维护自身权益，一定要注意不能超过法律规定的时限。劳动者通过劳动争议仲裁、行政复议等法律途径维护自身合法权益，或者申请工伤认定、职业病诊断与鉴定等，一定要注意在法定的时限内提出申请。如果超过了法定时限，有关申请可能不会被受理，致使自身权益难以得到保护。主要的时限包括：

a. 申请劳动争议仲裁的，应当在劳动争议发生之日（即当事人知道或应当知道其权利被侵害之日）起60日内向劳动争议仲裁委员会申请仲裁。

b. 对劳动争议仲裁裁决不服、提起诉讼的，应当自收到仲裁裁决书之日起15日内，向人民法院提起诉讼。

c. 申请行政复议的，应当自知道该具体行政行为之日起60日内提出行政复议申请。

d. 对行政复议决定不服、提起行政诉讼的，应当自收到行政复议决定书之日起15日内，向人民法院提起行政诉讼。

e.直接向人民法院提起行政诉讼的，应当在知道做出具体行政行为之日起3个月内提出，法律另有规定的除外。因不可抗力或者其他特殊情况耽误法定期限的，在障碍消除后的10日内，可以申请延长期限，由人民法院决定。

f.申请工伤认定的，所在单位应当自事故伤害发生之日或者被诊断、鉴定为职业病之日起30日内，向统筹地区劳动保障行政部门提出工伤认定申请。遇有特殊情况，经报劳动保障行政部门同意，申请时限可以适当延长。用人单位未按前款规定提出工伤认定申请的，工伤职工或者其直系亲属、工会组织在事故伤害发生之日或者被诊断、鉴定为职业病之日起1年内，可以直接向用人单位所在地统筹地区劳动保障行政部门提出工伤认定申请。

三、工人健康卫生知识

1. 常见疾病的预防和治疗

(1)流行性感冒。

①流行性感冒的传播方式。流行性感冒简称流感，是由流感病毒引起的一种急性呼吸道传染病。流感的传染源主要是患者，病后1～7天均有传染性。流感主要通过呼吸道传播，传染性很强，常引起流行。一般常突然发生，迅速蔓延，患者数多。

提示：发生流行性感冒时应注意与病人保持一定距离，以免被传染。

②流行性感冒的症状。流感的症状与感冒类似，主要是发热及上呼吸道感染症状，如咽痛、鼻塞、流鼻涕、打喷嚏、咳嗽等。流感的全身症状重，而局部症状很轻。

③流行性感冒的预防。

a. 最主要的是注射流感疫苗，疫苗应于流感流行前1～2个月注射。因流感冬季易发，故常于每年10月左右进行注射。

b. 应当尽量避免接触病人，流行期间不到人多的地方去。

c. 增强身体抵抗力最重要，生活规律、适当锻炼、合理营养、精神愉快非常关键。

d. 避免过累、精神紧张、着凉、酗酒等。

(2)细菌性痢疾。

①细菌性痢疾的传播方式。细菌性痢疾(简称菌痢)，是夏秋季节最常见的急性肠道传染病，由痢疾杆菌引起，以结肠化脓性炎症为主要病变。菌痢主要通过粪一口途径传播，即患者大便中的痢疾杆菌可以污染手、食物、水、蔬菜、水果等而进入口中引起感染。细菌性痢疾终年均有发生，但多流行于夏秋季节。人群对此病普遍易感，幼儿及青壮年发病率较高。

②细菌性痢疾的症状。细菌性痢疾病情可轻可重，轻者仅有轻度腹泻，重者可有发热、全身不适、乏力、恶心、呕吐、腹痛、腹泻。腹泻次数由一日数次至十数次不等，患者常有老想解大便可总也解不干净的感觉(里急后重)，患者大便中常有黏液，重者有脓血。

③细菌性痢疾的预防。

a. 做好痢疾患者的粪便、呕吐物的消毒处理，管理好水源，防止病菌污染水源、土壤及农作物；患者使用过的厕所、餐具等也应消毒。

b. 不喝生水，不生吃水产品，蔬菜要洗净、炒熟再吃，水果应洗净削皮后食用。

c. 养成饭前、便后洗手的习惯，不吃被苍蝇、蟑螂叮咬过或爬过的食物，积极做好灭苍蝇、灭蟑螂工作。

d. 加强体育锻炼，增强体质。

重点：注意个人卫生，养成饭前、便后洗手的习惯。

(3)食物中毒。

①细菌性食物中毒的传播方式。细菌性食物中毒是由于进食被细菌或细菌毒素污染的食物而引起的急性感染中毒性疾病。细菌性食物中毒是典型的肠道传染病，发生原因主要有以下几个方面：

a. 食物在宰杀或收割、运输、储存、销售等过程中受到病菌的污染。

b. 被致病菌污染的食物在较高的温度下存放，食品中充足的水分、适宜的酸碱度及营养条件使致病菌大量繁殖或产生毒素。

c. 食品在食用前未烧透或熟食受到生食交叉污染。

d. 在缺氧环境中(如罐头等)肉毒杆菌产生毒素。

②细菌性食物中毒的症状。胃肠型细菌性食物中毒是食物中毒中最常见的一种，是由于食用了被细菌或细菌毒素污染的食物所引起的。绝大多数患者表现为胃肠炎的症状，如恶心、呕吐、腹痛、腹泻、排水样便等。腹泻一天数次到数十次不等，多数是稀水样便，个别人可有黏液血便、血水样便等，极少数患者可以发生败血症。

③细菌性食物中毒的预防。

a. 防止食品污染。加强对污染源的管理，做好牲畜屠宰前后的卫生检验，防止感染；对海鲜类食品应加强管理，防止污染其他食品；要严防食品加工、贮存、运输、销售过程中被病原体污染；食品容器、刀具等应严格生熟分开使用，做好消毒工作，防止交叉污染；生产场所、厨房、食堂等要有防蝇、防鼠设备；严格遵守饮食行业和炊事人员的个人卫生制度；患化脓性病症和上呼吸道感染的患者，在治愈前不应参加接触食品的工作。

b. 控制病原体繁殖及外毒素的形成。食品应低温保存或放在阴凉通风处，食品中加盐量达10%也可有效控制细菌繁殖及毒素形成。

c. 彻底加热杀灭细菌及破坏毒素。这是防止食物中毒的重要措施，要彻底杀灭肉中的病原体，肉块不应太大，加热时其内部温度可以达到80℃，这样持续12min就可将细菌杀死。

d. 凡是食品在加工和保存过程中有厌氧环境存在，均应防止肉毒杆菌的污染，过期罐头——特别是产气罐头（其盖鼓起）均勿食用。

（4）病毒性肝炎。

①病毒性肝炎的类型。病毒性肝炎是由多种肝炎病毒引起的，以肝脏损害为主的一组全身性传染病。按病原体分类，目前已确定的有甲型肝炎、乙型肝炎、丙型肝炎、丁型肝炎、戊型肝炎。通过实验诊断排除上述类型的肝炎者，称为“非甲—戊型肝炎”。

②病毒性肝炎的传染源。

a. 甲型肝炎无病毒携带状态，传染源为急性期患者和隐性感染者。粪便排毒期在起病前2周至血清转氨酶高峰期后1周，少数患者延长至病后30天。

b. 乙型肝炎属于常见传染病，可通过母婴、血液和体液传播。传染源主要是急、慢性乙型肝炎患者和病毒携带者。急性患者在潜伏期末及急性期有传染性，但不超过6个月。慢性患者和病毒携带者作为传染源预防的意义重大。

c. 丙型肝炎的传染源是急、慢性患者和无症状病毒携带者。

d. 丁型肝炎的传染源与乙型肝炎相似。

e. 戊型肝炎的传染源与甲型肝炎相似。

③病毒性肝炎的症状。

a. 疲乏无力、懒动、下肢酸困不适，稍加活动则难以支持。

b. 食欲不振、食欲减退、厌油、恶心、呕吐及腹胀，往往食后加重。

c. 部分病人尿黄、尿色如浓茶，大便色淡或灰白，腹泻或便秘。

d. 右上腹部有持续性腹痛，个别病人可呈针刺样或牵拉样疼痛，于活动、久坐后加重，卧床休息后可缓解，右侧卧时加重，左侧卧时减轻。

e. 医生检查可有肝脏肿大、压痛、肝区叩击痛、肝功能损害，部分病例出现发热及黄疸表现。

f. 血清谷丙转氨酶及血中总胆红素升高有助于诊断，也可进一步做血清免疫学检查及明确肝炎类型。

④病毒性肝炎的预防。病毒性肝炎预防应采取以切断传播途径为重点的综合性措施。

对甲型、戊型肝炎，重点抓好水源保护、饮水消毒、食品加工、粪便管理等，切断粪—口途径传播，注意个人卫生，饭前、便后洗手，不喝生水，生吃瓜果要洗净。对于急性病如甲型和戊型肝炎病人接触的易感人群，应注射人血丙种球蛋白，注射时间越早越好。

对乙型、丙型和丁型肝炎，重点在于防止通过血液和体液的传播，各种医疗及预防注射，应实行一人一针一管，对带血清的污染物应严格消毒，对血液和血液制品应严格检测。对学龄前儿童和密切接触者，应接种乙肝疫苗；乙肝疫苗和乙肝免疫球蛋白联合应用可有效地阻断母婴传播；医务人员在工作中因医疗意外或医疗操作不慎感染乙肝病毒，应立即注射免疫球蛋白。

2. 职业病的预防和治疗

(1)职业病定义。

所谓职业病,是指企业、事业单位和个体经济组织的劳动者在职业活动中,因接触粉尘、放射性物质和其他有毒、有害物质等因素而引起的疾病。对于患职业病的,我国法律规定,应属于工伤,享受工伤待遇。

(2)建筑企业常见的职业病。

①接触各种粉尘引起的尘肺病。

②电焊工尘肺、眼病。

③直接操作振动机械引起的手臂振动病。

④油漆工、粉刷工接触有机材料散发的不良气体引起的中毒。

⑤接触噪声引起的职业性耳聋。

⑥长期超时、超强度地工作,精神长期过度紧张造成相应职业病。

⑦高温中暑等。

(3)职业病鉴定与保障。

劳动者如果怀疑所得的疾病为职业病,应当及时到当地卫生部门批准的职业病诊断机构进行职业病诊断。对诊断结论有异议的,可以在30日内到市级卫生行政部门申请职业病诊断鉴定,鉴定后仍有异议的,可以在15日内到省级卫生行政部门申请再鉴定。被诊断、鉴定为职业病,所在单位应当自被诊断、鉴定为职业病之日起30日内,向统筹地区劳动保障行政部门提出工伤认定申请。

提示:劳动者日常需要注意收集与职业病相关的材料。

(4)职业病的诊断。

根据《中华人民共和国职业病防治法》(以下简称《职业病防治法》)和《职业病诊断与鉴定管理办法》的有关规定，具体程序为：

①职业病诊断应当由省级以上人民政府卫生行政部门批准的医疗卫生机构承担，劳动者可以在用人单位所在地或者本人居住地依法承担职业病诊断的医疗卫生机构进行职业病诊断。

②当事人申请职业病诊断时应当提供以下材料：

a. 职业史、既往史。

b. 职业健康监护档案复印件。

c. 职业健康检查结果。

d. 工作场所历年职业病危害因素检测、评价资料。

e. 诊断机构要求提供的其他必需的有关材料。

③职业病诊断应当依据职业病诊断标准，结合职业病危害接触史、工作场所职业病危害因素检测与评价、临床表现和医学检查结果等资料，综合做出分析。

④职业病诊断机构在进行职业病诊断时，应当组织三名以上取得职业病诊断资格的执业医师进行集体诊断。

⑤职业病诊断机构做出职业病诊断后，应当向当事人出具职业病诊断证明书。职业病诊断证明书应当明确是否患有职业病，对患有职业病的，还应当载明所患职业病的名称、程度(期别)、处理意见和复查时间。

⑥当事人对职业病诊断有异议的，在接到职业病诊断证明书之日起 30 日内，可以向做出诊断的医疗卫生机构所在地的市级卫生行政部门申请鉴定。

⑦当事人申请职业病诊断鉴定时，应当提供以下材料：

a. 职业病诊断鉴定申请书。

b. 职业病诊断证明书。

c. 其他有关资料。职业病诊断鉴定办事机构应当自收到申请资料之日起10日内完成材料审核，对材料齐全的发给受理通知书；材料不全的，通知当事人补充。职业病诊断鉴定办事机构应当在受理鉴定之日起60日内组织鉴定。

⑧鉴定委员会应当认真审查当事人提供的材料，必要时可听取当事人的陈述和申辩，对被鉴定人进行医学检查，对被鉴定人的工作场所进行现场调查取证。

⑨职业病诊断鉴定书应当包括以下内容：

a. 劳动者、用人单位的基本情况及鉴定事由。

b. 参加鉴定的专家情况。

c. 鉴定结论及其依据，如果为职业病，应当注明职业病名称、程度(期别)。

d. 鉴定时间。职业病诊断鉴定书应当于鉴定结束之日起20日内由职业病诊断鉴定办事机构发送给当事人。

(5)劳动者有权利拒绝从事容易发生职业病的工作。

劳动者依法享有保持自己身体健康的权利，因此，对于是否选择从事存在职业病危害的工作，应当由劳动者依照其自己的意愿决定。而要使劳动者能够自行决定是否选择从事该工作，就应当保证劳动者对相关工作内容以及其可能带来的危害有一定的了解。正因为如此，《职业病防治法》规定："用人单位与劳动者订立劳动合同(含聘用合同，下同)时，应当将工作过程中可能产生的职业病危害及其后果、职业病防护措施和待遇等如实告知劳动者，并在劳动合同中写明，不得隐瞒或者欺骗。""劳动者在已订立劳动合同期间因工作岗位或者工作内容变更，从事与所订立劳动合同中未告知的存在职业病危害的作业时，用人单位应当依照前款规定，向劳动者履行如实告知的义务，并协商变更原劳动合同相关条款。""用人单位违反前两款规定的，劳动者有权拒绝从事存在职业病危害的作业，用人单位不得因此解除或者终止与劳动者所订立的劳动合同。”

另外，根据《职业病防治法》的规定，用人单位违反本规定，订立或者变更劳动合同时，未告知劳动者职业病危害真实情况的，由卫生行政部门责令限期改正，给予警告，可以并处2万元以上5万元以下的罚款。

根据前述规定，如果用人单位没有将工作过程中可能产生的职业病危害及其后果、职业病防护措施和待遇等如实告知劳动者，并在劳动合同中写明，那么劳动者就有权利拒绝从事存在职业病危害的作业，并且用人单位不得因劳动者拒绝从事该作业而解除或者终止劳动者的劳动合同。

(6)患职业病的劳动者有权获得相应的保障。

①患职业病的劳动者有权利获得职业保障。《中华人民共和国劳动合同法》规定，用人单位以下情形不得解除劳动合同：

a. 患职业病或者因工负伤并确认丧失或者部分丧失劳动能力的。

b. 患病或者负伤，在规定的医疗期内的。职业病病人依法享受国家规定的职业病待遇，用人单位对不适宜继续从事原工作的职业病病人，应当调离原岗位，并妥善安置。

②患职业病的劳动者有权利获得医疗保障。《职业病防治法》规定：“职业病病人依法享受国家规定的职业病待遇。用人单位应当按照国家有关规定，安排职业病病人进行治疗、康复和定期检查。”

③患职业病的劳动者有权利获得生活保障。《职业病防治法》规定：“劳动者被诊断患有职业病，但用人单位没有依法参加工伤社会保险的，其医疗和生活保障由最后的用人单位承担。”

④患职业病的劳动者有权利依法获得赔偿。职业病病人除依法享有工伤社会保险外，依照有关民事法律，尚有获得赔偿的权利的，有权向用人单位提出赔偿要求。

(7)职工患职业病后的一次性处理规定。

职工患病后，应当先行治疗，然后进行职业病的诊断和鉴定。如果职工按照《职业病防治法》规定被诊断、鉴定为职业病，必须向劳动保障行政部门提出工伤认定申请，由劳动保障行政部门做出工伤认定。如果职工经治疗伤情相对稳定后存在残疾、影响劳动能力的，还应当进行劳动能力鉴定。最后职工才可按照《工伤保险条例》规定的标准享受工伤保险待遇。

以上程序是职工患职业病后享受工伤待遇所必需的，是切实保障职工合法权益的基础。但在实际生活中，一些用人单位和职工由于不懂工伤法律或者怕麻烦、图省事，在职工患病后就直接约定进行一次性工伤补助，这种做法是不可取的。当然，如果工伤职工愿意，待治愈或病情稳定做出工伤伤残等级鉴定后，可参照有关工伤的规定依法与企业达成一次性领取工伤待遇的相关协议。

(8)治疗职业病的有关费用支付。

首先应当明确的是，检查、治疗、诊断职业病的，劳动者本人不承担相关费用。这些费用依照规定，应当由用人单位负担或者从工伤保险基金中支付。

①职业健康检查费用由用人单位承担。

②救治急性职业病危害的劳动者，或者进行健康检查和医学观察，所需费用由用人单位承担。

③职业病诊断鉴定费用由用人单位承担。

④因职业病进行劳动能力鉴定的，鉴定费从工伤保险基金中支付。

⑤因职业病需要治疗的，相关费用按照工伤的规定处理。

还需要说明的是，不管是职业病还是其他原因发生的工伤，都必须进行彻底的治疗，相关的费用不管花了多少，都应当依法予以报销，即“工伤索赔上不封顶”。

(9)劳动者在职业病防治中须承担的义务。

①认真接受用人单位的职业卫生培训，努力学习和掌握必要的职业卫生知识。

②遵守职业卫生法规、制度、操作规程。

③正确使用与维护职业危害防护设备及个人防护用品。

④及时报告事故隐患。

⑤积极配合上岗前、在岗期间和离岗时的职业健康检查。

⑥如实提供职业病诊断、鉴定所需的有关资料等。

重点：熟知职业安全卫生警示标志，禁止不安全的操作行为，正确使用个人防护用品。

(10)建筑企业常见职业病及预防控制措施。

①接触各种粉尘引起的尘肺病预防控制措施。

作业场所防护措施：加强水泥等易扬尘的材料的存放处、使用处的扬尘防护，任何人不得随意拆除，在易扬尘部位设置警示标志。

个人防护措施：落实相关岗位的持证上岗，给施工作业人员提供扬尘防护口罩，杜绝施工操作人员的超时工作。

②电焊工尘肺、眼病的预防控制措施。

作业场所防护措施：为电焊工提供通风良好的操作空间。

个人防护措施：电焊工必须持证上岗，作业时佩戴有害气体防护口罩、眼睛防护罩，杜绝违章作业，采取轮流作业，杜绝施工操作人员的超时工作。

③直接操作振动机械引起的手臂振动病的预防控制措施。

作业场所防护措施：在作业区设置预防职业病警示标志。

个人防护措施：机械操作工要持证上岗，提供振动机械防护手套，延长换班休息时间，杜绝作业人员的超时工作。

④油漆工、粉刷工接触有机材料散发不良气体引起的中毒预防控制措施。

作业场所防护措施：加强作业区的通风排气措施。

个人防护措施：相关工种持证上岗，给作业人员提供防护口罩，轮流作业，杜绝作业人员的超时工作。

⑤接触噪声引起的职业性耳聋的预防控制措施。

作业场所防护措施：在作业区设置防职业病警示标志，对噪声大的机械加强日常保养和维护，减少噪声污染。

个人防护措施：为施工操作人员提供劳动防护耳塞轮流作业，杜绝施工操作人员的超时工作。

⑥长期超时、超强度地工作，精神长期过度紧张所造成相应职业病的预防控制措施。

作业场所防护措施：提高机械化施工程度，减小工人劳动强度，为职工提供良好的生活、休息、娱乐场所，加强施工现场文明施工。

个人防护措施：不盲目抢工期，即使抢工期也必须安排充足的人员能够按时换班作业，采取8h作业换班制度，及时发放工人工资，稳定工人情绪。

⑦高温中暑的预防控制措施。

作业场所防护措施：在高温期间，为职工备足饮用水或绿豆汤、防中暑药品、器材。

个人防护措施：减少工人工作时间，尤其是延长中午休息时间。

提示：工作场所自觉做好个人安全防护。

四、工地施工现场急救知识

施工现场急救基本常识主要包括应急救援基本常识、触电急救知识、创伤救护知识、火灾急救知识、中毒及中暑急救知识以及传染病急救措施等，了解并掌握这些现场急救基本常识，是做好安全工作的一项重要内容。

1. 应急救援基本常识

(1)施工企业应建立企业级重大事故应急救援体系，以及重大事故救援预案。

(2)施工项目应建立项目重大事故应急救援体系，以及重大事故救援预案；在实行施工总承包时，应以总承包单位事故预案为主，各分包队伍也应有各自的事故救援预案。

(3)重大事故的应急救援人员应经过专门的培训，事故的应急救援必须有组织、有计划地进行；严禁在未清楚事故情况下，盲目救援，以免造成更大的伤害。

(4)事故应急救援的基本任务：

①立即组织营救受害人员，组织撤离或者采取其他措施保护危害区域内的其他人员。

②迅速控制事态，并对事故造成的危害进行检测、监测，测定事故的危害区域、危害性质及危害程度。

③消除危害后果，做好现场恢复。

④查清事故原因，评估危害程度。

2. 触电急救知识

触电者的生命能否获救，在绝大多数情况下取决于能否迅速脱离电源和正确地实行人工呼吸和心脏按摩。拖延时间、动作迟缓或救护不当，都可能造成人员伤亡。

(1)脱离电源的方法。

①发生触电事故时，附近有电源开关和电流插销的，可立即将电源开关断开或拔出插销；但普通开关(如拉线开关、单极按钮开关等)只能断一根线，有时不一定关断的是相线，所以不能认为是切断了电源。

②当有电的电线触及人体引起触电，不能采用其他方法脱离电源时，可用绝缘的物体(如干燥的木棒、竹竿、绝缘手套等)将电线移开，使人体脱离电源。

③必要时可用绝缘工具(如带绝缘柄的电工钳、木柄斧头等)切断电线，以切断电源。

④应防止人体脱离电源后造成的二次伤害，如高处坠落、摔伤等。

⑤对于高压触电，应立即通知有关部门停电。

⑥高压断电时，应戴上绝缘手套，穿上绝缘鞋，用相应电压等级的绝缘工具切断开关。

(2)紧急救护基本常识。

根据触电者的情况，进行简单的诊断，并分别处理：

①病人神志清醒，但感到乏力、头昏、心悸、出冷汗，甚至有恶心或呕吐症状。此类病人应使其就地安静休息，减轻心脏负担，加快恢复；情况严重时，应立即小心送往医院检查治疗。

②病人呼吸、心跳尚存在，但神志昏迷。此时，应将病人仰卧，周围空气要流通，并注意保暖；除了要严密观察外，还要做好人工呼吸和心脏挤压的准备工作。

③如经检查发现，病人处于“假死”状态，则应立即针对不同类型的“假死”进行对症处理：如果呼吸停止，应用口对口的人工呼吸法来维持气体交换；如心脏停止跳动，应用体外人工心脏挤

压法来维持血液循环。

a. 口对口人工呼吸法：病人仰卧、松开衣物⟶清理病人口腔阻塞物⟶病人鼻孔朝天、头后仰⟶捏住病人鼻子贴嘴吹气⟶放开嘴鼻换气，如此反复进行，每分钟吹气 12 次，即每 5s 吹气 1 次。

b. 体外心脏挤压法：病人仰卧硬板上⟶抢救者用手掌对病人胸口凹膛⟶掌根用力向下压⟶慢慢向下⟶突然放开，连续操作，每分钟进行 60 次，即每秒一次。

c. 有时病人心跳、呼吸停止，而急救者只有一人时，必须同时进行口对口人工呼吸和体外心脏挤压，此时，可先吹两次气，立即进行挤压 15 次，然后再吹两次气，再挤压，反复交替进行。

3. 创伤救护知识

创伤分为开放性创伤和闭合性创伤。开放性创伤是指皮肤或黏膜的破损，常见的有：擦伤、切割伤、撕裂伤、刺伤、撕脱、烧伤；闭合性创伤是指人体内部组织损伤，而皮肤黏膜没有破损，常见的有：挫伤、挤压伤。

(1)开放性创伤的处理。

①对伤口进行清洗消毒可用生理盐水和酒精棉球，将伤口和周围皮肤上沾染的泥沙、污物等清理干净，并用干净的纱布吸收水分及渗血，再用酒精等药物进行初步消毒。在没有消毒条件的情况下，可用清洁水冲洗伤口，最好用流动的自来水冲洗，然后用干净的布或敷料吸干伤口。

②止血。对于出血不止的伤口，能否做到及时有效地止血，对伤员的生命安危影响较大。在现场处理时，应根据出血类型和部位不同采用不同的止血方法：直接压迫——将手掌通过敷

料直接加压在身体表面的开放性伤口的整个区域;抬高肢体——对于手、臂、腿部严重出血的开放性伤口都应抬高,使受伤肢体高于心脏水平线;压迫供血动脉——手臂和腿部伤口的严重出血,如果应用直接压迫和抬高肢体仍不能止血,就需要采用压迫点止血技术;包扎——使用绷带、毛巾、布块等材料压迫止血,保护伤口,减轻疼痛。

③烧伤的急救。应先去除烧伤源,将伤员尽快转移到空气流通的地方,用较干净的衣服把伤面包裹起来,防止再次污染;在现场,除了化学烧伤可用大量流动清水冲洗外,对创面一般不做处理,尽量不弄破水泡,保护表皮。

(2)闭合性创伤的处理。

①较轻的闭合性创伤,如局部挫伤、皮下出血,可在受伤部位进行冷敷,以防止组织继续肿胀,减少皮下出血。

②如发现人员从高处坠落或摔伤等意外时,要仔细检查其头部、颈部、胸部、腹部、四肢、背部和脊椎,看看是否有肿胀、青紫、局部压疼、骨摩擦声等其他内部损伤。假如出现上述情况,不能对患者随意搬动,需按照正确的搬运方法进行搬运;否则,可能造成患者神经、血管损伤并加重病情。

现场常用的搬运方法有:担架搬运法——用担架搬运时,要使伤员头部向后,以便后面抬担架的人可随时观察其变化;单人徒手搬运法——轻伤者可扶着走,重伤者可让其伏在急救者背上,双手绕颈交叉垂下,急救者用双手自伤员大腿下抱住伤员大腿。

③如怀疑有内伤,应尽早使伤员得到医疗处理;运送伤员时要采取卧位,小心搬运,注意保持呼吸道畅通,注意防止休克。

④运送过程中,如突然出现呼吸、心跳骤停时,应立即进行

人工呼吸和体外心脏挤压法等急救措施。

4. 火灾急救知识

一般地说，起火要有三个条件，即可燃物（木材、汽油等）、助燃物（氧气等）和点火源（明火、烟火、电焊花等）。扑灭初起火灾的一切措施，都是为了破坏已经产生的燃烧条件。

（1）火灾急救的基本要点。

施工现场应有经过训练的义务消防队，发生火灾时，应由义务消防队急救，其他人员应迅速撤离。

①及时报警，组织扑救。全体员工在任何时间、地点，一旦发现起火都要立即报警，并在确保安全前提下参与和组织群众扑灭火灾。

②集中力量，主要利用灭火器材，控制火势，集中灭火力量在火势蔓延的主要方向进行扑救，以控制火势蔓延。

③消灭飞火，组织人力监视火场周围的建筑物、露天物资堆放场所的未尽飞火，并及时扑灭。

④疏散物资，安排人力和设备，将受到火势威胁的物资转移到安全地带，阻止火势蔓延。

⑤积极抢救被困人员。人员集中的场所发生火灾，要有熟悉情况的人做向导，积极寻找和抢救被困的人员。

（2）火灾急救的基本方法。

①先控制，后消灭。对于不可能立即扑灭的火灾，要先控制火势，具备灭火条件时再展开全面进攻，一举消灭。

②救人重于救火。灭火的目的是为了打开救人通道，使被困的人员得到救援。

③先重点，后一般。重要物资和一般物资相比，先保护和抢救重要物资；火势蔓延猛烈方面和其他方面相比，控制火势蔓延

的方面是重点。

④正确使用灭火器材。水是最常用的灭火剂，取用方便，资源丰富，但要注意水不能用于扑救带电设备的火灾。各种灭火器的用途和使用方法如下：

酸碱灭火器：倒过来稍加摇动或打开开关，药剂喷出。适用于扑救油类火灾。

泡沫灭火器：把灭火器筒身倒过来，打开保险销，把喷管口对准火源，拉出拉环，即可喷出。适合于扑救木材、棉花、纸张等火灾，不能扑救电气、油类火灾。

二氧化碳灭火器：一手拿好喇叭筒对准火源，另一手打开开关既可。适合于扑救贵重仪器和设备，不能扑救金属钾、钠、镁、铝等物质的火灾。

干粉灭火器：打开保险销，把喷管口对准火源，拉出拉环，即可喷出。适用于扑救石油产品、油漆、有机溶剂和电气设备等火灾。

⑤人员撤离火场途中被浓烟围困时，应采取低姿势行走或匍匐穿过浓烟，有条件时可用湿毛巾等捂住嘴鼻，以便顺利撤出烟雾区；如无法进行逃生，可向建筑物外伸出衣物或抛出小物件，发出求救信号引起注意。

⑥进行物资疏散时应将参加疏散的员工编成组，指定负责人首先疏散通道，其次疏散物资，疏散的物资应堆放在上风向的安全地带，不得堵塞通道，并要派人看护。

5. 中毒及中暑急救知识

施工现场发生的中毒主要有食物中毒、燃气中毒及毒气中毒；中暑是指人员因处于高温高热的环境而引起的疾病。

(1)食物中毒的救护。

①发现饭后有多人呕吐、腹泻等不正常症状时，尽量让病人大量饮水，刺激喉部使其呕吐。

②立即将病人送往就近医院或打120急救电话。

③及时报告工地负责人和当地卫生防疫部门，并保留剩余食品以备检验。

(2)燃气中毒的救护。

①发现有人煤气中毒时，要迅速打开门窗，使空气流通。

②将中毒者转移到室外实行现场急救。

③立即拨打120急救电话或将中毒者送往就近医院。

④及时报告有关负责人。

(3)毒气中毒的救护。

①在井(地)下施工中有人发生毒气中毒时，井(地)上人员绝对不要盲目下去救助；必须先向出事点送风，救助人员装备齐全安全保护用具，才能下去救人。

②立即报告工地负责人及有关部门，现场不具备抢救条件时，应及时拨打110或120电话求救。

(4)中暑的救护。

①迅速转移。将中暑者迅速转移至阴凉通风的地方，解开衣服，脱掉鞋子，让其平卧，头部不要垫高。

②降温。用凉水或50%酒精擦其全身，直到皮肤发红、血管扩张以促进散热。

③补充水分和无机盐类。能饮水的患者应鼓励其喝足量盐开水或其他饮料，不能饮水者，应予静脉补液。

④及时处理呼吸、循环衰竭。呼吸衰竭时，可注射尼可刹明或山梗茶硷；循环衰竭时，可注射鲁明那钠等镇静药。

⑤医疗条件不完善时，应对患者严密观察，精心护理，送往附近医院进行抢救。

6. 传染病急救措施

由于施工现场的人员较多,如果控制不当,容易造成集体感染传染病。因此需要采取正确的措施加以处理,防止大面积人员感染传染病。

(1)如发现员工有集体发烧、咳嗽等不良症状,应立即报告现场负责人和有关主管部门,对患者进行隔离加以控制,同时启动应急救援方案。

(2)立即把患者送往医院进行诊治,陪同人员必须做好防护隔离措施。

(3)对可能出现病因的场所进行隔离、消毒,严格控制疾病的再次传播。

(4)加强现场员工的教育和管理,落实各级责任制,严格履行员工进出现场登记手续,做好病情的监测工作。

参 考 文 献

[1] 中华人民共和国住房和城乡建设部.建筑给水排水及采暖工程施工质量验收规范(GB 50242－2002)[S].北京:中国建筑工业出版社,2002.

[2] 建设部干部学院.管道工.[M].武汉:华中科技大学出版社,2009.

[3] 建设部人事教育司组织编写.水暖工[M].北京:中国建筑工业出版社,2002.

[4] 中华人民共和国住房和城乡建设部.建筑给水金属管道工程技术规程(CJJ/T 154－2011)[S].北京:中国建筑工业出版社,2011.

[5] 中华人民共和国住房和城乡建设部.建筑排水金属管道工程技术规程(CJJ127－2009)[S].北京:中国建筑工业出版社,2009.

[6] 中华人民共和国住房和城乡建设部.建筑给水复合管道工程技术规程(CJJ/T 155－2011)[S].北京:中国建筑工业出版社,2012.

[7] 中华人民共和国住房和城乡建设部.建筑施工安全技术统一规范(GB 50870－2013)[S].北京:中国建筑工业出版社,2014.

[8] 于培旺.水暖工操作技巧[M].北京:中国建筑工业出版社,2003.